Abdel Moneim Sulieman

Culturas de arranque microbianas

Abdel Moneim Sulieman

Culturas de arranque microbianas

ScienciaScripts

Imprint

Any brand names and product names mentioned in this book are subject to trademark, brand or patent protection and are trademarks or registered trademarks of their respective holders. The use of brand names, product names, common names, trade names, product descriptions etc. even without a particular marking in this work is in no way to be construed to mean that such names may be regarded as unrestricted in respect of trademark and brand protection legislation and could thus be used by anyone.

Cover image: www.ingimage.com

This book is a translation from the original published under ISBN 978-620-2-05961-9.

Publisher:
Sciencia Scripts
is a trademark of
Dodo Books Indian Ocean Ltd. and OmniScriptum S.R.L publishing group

120 High Road, East Finchley, London, N2 9ED, United Kingdom
Str. Armeneasca 28/1, office 1, Chisinau MD-2012, Republic of Moldova, Europe
Printed at: see last page
ISBN: 978-620-7-89796-4

ÍNDICE DE CONTEÚDOS

INTRODUÇÃO

A fermentação pode ser definida como a decomposição anaeróbia de um substrato orgânico por um sistema enzimático em que o aceitador final de hidrogénio é um composto orgânico. É também um processo metabólico no qual são provocadas alterações químicas num substrato orgânico através de actividades segregadas por microrganismos. Pode também ser definida como a conversão enzimática anaeróbia de compostos orgânicos, especialmente hidratos de carbono, em compostos mais simples, especialmente em ácido lático ou álcool etílico, produzindo energia sob a forma de ATP utilizada comercialmente na preparação de bebidas alcoólicas e na geração de subprodutos utilizados na alimentação animal. É também o processo básico no fabrico de antibióticos

Nos processos de fermentação são utilizados microrganismos de vários tipos. Estes incluem espécies ou estirpes de bactérias, leveduras e bolores. Os microrganismos de fermentação diferem muito em termos de morfologia, tamanho, modo de reprodução, reação ao oxigénio livre, requisitos de crescimento e capacidade de atacar diferentes substratos. A fundamentação científica da função dos microrganismos na fermentação começou a ser construída com as descobertas de Louis Pasteur no século XIX. Estudos científicos extensivos continuam a caraterizar taxonomicamente, fisiologicamente, bioquimicamente e geneticamente as culturas microbianas tradicionalmente utilizadas na fermentação de alimentos. Isto permite uma melhor compreensão e melhoria do processamento tradicional de alimentos e abre novos campos de aplicações.

Os alimentos fermentados tiveram origem há muitos milhares de anos, quando presumivelmente os microrganismos contaminavam os alimentos locais. Os microrganismos provocam alterações nos alimentos que: ajudam a conservar os alimentos, prolongam a sua vida útil consideravelmente acima da das matérias-primas a partir das quais são produzidos, melhoram as características de aroma e sabor e aumentam o seu teor de vitaminas ou a sua digestibilidade em comparação com as matérias-primas. Os alimentos fermentados constituem cerca de um terço do consumo mundial de alimentos e 20 a 40% (em peso) das dietas individuais.

Um alimento é considerado fermentado quando um ou mais dos seus componentes sofreram a ação de microrganismos para produzir um produto final consideravelmente alterado e aceitável para utilização humana. As fermentações naturais são iniciadas sem a adição de microrganismos e o seu controlo limita-se à manutenção das condições ambientais externas.

Os produtos lácteos fermentados são conhecidos pelo seu sabor, valor nutritivo e propriedades terapêuticas. Os leites fermentados são "produtos preparados a partir de leites, inteiros, total ou parcialmente desnatados, concentrados ou sucedâneos de leite, parcial ou totalmente desnatados, secos, total ou parcialmente desnatados, pasteurizados ou esterilizados e fermentados por meio de microrganismos específicos". O leite de oito espécies de mamíferos domesticados (vaca, búfalo, ovelha, cabra, cavalo, camelo, iaque e zebu) tem sido utilizado para fabricar produtos lácteos fermentados tradicionais em todo o mundo. As pessoas que domesticaram estes animais leiteiros reconhecem normalmente os leites fermentados por necessidade. Estes alimentos foram submetidos à ação de microrganismos ou enzimas, a fim de provocar uma alteração desejável. Devem a sua produção e características às actividades fermentativas dos microrganismos.

Uma cultura de arranque é uma preparação que auxilia o início do processo de fermentação na preparação de vários alimentos e bebidas fermentadas. Um fermento lácteo é uma cultura microbiológica que efetivamente realiza a fermentação. Estes fermentos consistem normalmente num meio de cultivo, como grãos, sementes ou líquidos nutritivos que foram bem colonizados pelos microrganismos utilizados para a fermentação.

O tipo de cultura inicial utilizada depende do produto desejado. As empresas fornecedoras de culturas podem fornecer aos transformadores uma variedade de culturas adaptadas à sua atividade, que podem ser adquiridas congeladas ou desidratadas, normalmente como uma mistura de várias estirpes. É muito importante seguir os conselhos do fornecedor sobre o manuseamento, armazenamento, rotação, taxa de utilização e temperatura de incubação das suas culturas.

Os fermentos microbianos são considerados como ingredientes alimentares e são autorizados na produção de géneros alimentícios em todo o mundo. Os fermentos microbianos comercialmente acessíveis são vendidos como preparações, que são formulações compostas por concentrados de, pelo menos, uma espécie microbiana e/ou, potencialmente, estirpes, incluindo componentes inevitáveis do meio de cultura resultantes da fermentação e componentes que são fundamentais para a sua sobrevivência, armazenamento, normalização e para incentivar a sua aplicação no processo de produção alimentar. A segurança das culturas alimentares microbianas, dependendo das suas características e utilização, pode basear-se nos níveis do género, da espécie ou da estirpe.

CAPÍTULO 1

CONCEITO DE CULTURA INICIAL

O que é a cultura de arranque:

Uma cultura inicial tem muitas definições: pode ser definida como uma ou mais estirpes de uma ou mais espécies de bactérias desejáveis utilizadas para inocular um produto cru ou pasteurizado para iniciar uma fermentação para produzir um alimento fermentado, acelerando e dirigindo o seu processo de fermentação. As culturas iniciadoras são também os microrganismos (bactérias, leveduras e bolores ou as suas combinações) que iniciam e efectuam a fermentação desejada, essencial no fabrico de queijo e de produtos lácteos fermentados Outra definição: As culturas iniciadoras são preparações de microrganismos vivos ou das suas formas em repouso, cuja atividade metabólica tem efeitos desejados no substrato de fermentação, o alimento. As preparações podem conter depósitos inevitáveis do substrato de cultura e substâncias adicionadas que ajudam a essencialidade e a utilidade inovadora dos microrganismos (tais como anticongelantes ou compostos antioxidantes). Esta definição inclui uma multiplicidade de preparações, que se baseia na história dos fermentos lácteos.

O avanço dos alimentos fermentados foi controlado pela forma como inicialmente uma afiliação microbiana excecional foi criada, afetada por variáveis biológicas prevalecentes no respetivo substrato. Por exemplo, a fermentação de chucrute (couve em conserva), azeitonas ou pickles continua a ser a mais moderna. Noutros locais, o substrato de fermentação foi utilizado para inocular novos métodos de fermentação. Ainda hoje é prática corrente, por exemplo, a "inoculação velho-novo" com queijos, "back-slopping" ou "back shuffling" com massa fermentada. O vinagre é igualmente produzido desta forma. O inóculo obtido desta forma (tendo sido propagado muitas vezes) experimenta um elevado nível de seleção de organismos e é praticamente sinónimo de culturas de arranque. Estas "culturas indefinidas" continuam a ser utilizadas atualmente, por exemplo, a "Flora Danica", utilizada como cultura de arranque do leite a partir de mais de 100 estirpes de *Leuconostoc* e *Lactococcus*, ou a "Reinzuchtsauer", utilizada como cultura de arranque da massa fermentada. Estas culturas estão sujeitas a uma mudança contínua na sua estrutura, uma vez que as estirpes podem desaparecer ou transformar-se, ou podem alterar as suas propriedades após ataques de fagos.

Tipos de fermentos lácteos:

A utilização de "culturas definidas" permite um maior grau de controlo sobre o processo de fermentação. Mayra-Makinen e Bigret, (1998) fizeram uma distinção entre:

- Culturas-mãe: são culturas de pequeno volume (geralmente 1 litro ou menos) preparadas e por vezes armazenadas no laboratório e utilizadas para inocular o meio de arranque a granel.

- **Entradas a granel**:
são culturas de grande volume utilizadas para iniciar a fermentação de produtos
  crus ou pasteurizados
- **Culturas de estirpe única**: contêm uma estirpe de uma espécie;
- Culturas multi-estirpes: contêm mais do que uma estirpe de uma única espécie;
- Culturas mistas multi-estirpes: contêm diferentes estirpes de diferentes espécies.

Estas diferentes culturas são utilizadas na fermentação de leite, carne, vinho, fruta,
legumes e cereais. Para manter a sua força, viabilidade e adequação, são
preparadas, embaladas, empacotadas, congeladas ou liofilizadas.

Funções das culturas iniciadoras:

A principal função dos fermentos lácticos é a produção de ácido lático a partir do
açúcar do leite (lactose), este ácido é importante como agente conservante e gerador
do sabor dos produtos. Para além da produção de ácido lático, os fermentos lácticos
também são úteis de diferentes formas, como se indica a seguir.

Tabela (1): Funções dos fermentos lácteos

Function	Result
Production of acids: Homofermentative LAB produce lactic acid, while Heterofermentative produce lactic acid, acetic acid, ethanol and CO2	• Gel formation • Expulsion (syneresis) of whey for texturing • Preservation of milk • Helps in the development of flavour
Production of flavour components such as diacetyl, acetaldehyde and acetoin	Impart the characteristics flavour of fermented products
Production of exopolysaccharides	Texture formation
Preservation of fermented products	• Lowering of pH and redox potential • Production of lactic acid • Production of antibiotics • Production of H_2O_2 • Production of acetate
Gas formation	• Eye formation in certain cheeses • Production of open texture Ex. blue veined cheese
Stabilizer formation	* Development of body and viscosity Ex. Polysaccharide materials
Lactose utilization	* Reduces the development of gas and off flavours * Suitable for people having lactose intolerant
Lowering of redox potential	• Helps in food preservation • Helps in development of food flavour
Proteolysis and lipolysis	Helpful in the ripening/maturation of cheeses
Miscellaneous compounds	Production of alcohol in some products like kefir, koummis, robe and garris.

Os iniciadores são utilizados atualmente para iniciar a fermentação do leite em condições que permitem que as bactérias seleccionadas cresçam e produzam ácido lático ao ritmo mais rápido possível. Isto desencoraja o crescimento de agentes patogénicos que podem estar presentes no leite cru ou entrar no leite após a pasteurização.

O conhecimento sobre organismos de cultura limita-se principalmente às culturas comercialmente disponíveis, uma vez que existem diversas culturas mal documentadas em termos taxonómicos que são propagadas "internamente" ou produzidas por empresas de biotecnologia para aplicação prática. Basicamente, sabe-se que estas podem conter bactérias, leveduras e bolores.

O estado mais progressivo da aplicação de fermentos lácteos foi alcançado na indústria dos lacticínios. O fabrico de produtos lácteos fermentados produzidos com leite pasteurizado - contendo, portanto, níveis muito baixos de bactérias - seria praticamente impossível sem culturas. No entanto, o queijo de alta qualidade também é produzido utilizando leite cru ou culturas "inhouse".

Características de uma boa cultura inicial:

As características desejáveis que se seguem devem ser analisadas para as explorar para um potencial de fermentação completo ao selecionar uma determinada cultura de arranque de BAL, individualmente ou em combinação com outras, para a produção de produtos lácteos fermentados. Estas características incluem:
i- O fermento lático deve produzir ácido lático em quantidade suficiente e a uma taxa desejável para se adequar ao programa da planta e produzir um produto de alta qualidade.
ii- Uma boa cultura de BAL deve continuar a produzir ácido numa gama adequada de temperaturas, nas quais é suscetível de ser utilizada durante a transformação do leite para a produção de produtos lácteos fermentados.
iii- Os fermentos lácteos devem ser resistentes aos antibióticos e aos bacteriófagos.
iv- O fermento lácteo deve ser ativo na presença de substâncias inibidoras, bem como de quantidades residuais de produtos químicos, desinfectantes e detergentes no leite.

v- Uma boa cultura inicial não deve produzir bacteriocinas e substâncias semelhantes a bacteriocinas ou qualquer outro tipo de substância antibiótica que iniba outras estirpes na cultura mista.
vi- Uma boa cultura de arranque LAB deve produzir sabor, aroma, consistência, corpo e textura desejáveis nos produtos fermentados.
vii- A utilização de fermentos lácteos que produzam certos defeitos, tais como corpo rochoso, sabor a malte ou qualquer outro sabor indesejável e outros defeitos semelhantes, deve ser imediatamente interrompida.

viii- No caso de culturas mistas, as culturas individuais devem ser capazes de sinergizar a produção máxima de aroma e sabor sem inibição da produção de ácido.

ix- A ação associativa das culturas mistas deve ser bastante estável e contribuir para o desenvolvimento de uma boa cultura inicial, mesmo após subculturas repetidas.

Ecologia das bactérias de arranque:

A maior parte dos fermentos lácteos utilizados até à data começaram a partir de bactérias lácticas inicialmente presentes como parte da microflora contaminante do leite. Estas bactérias são provavelmente originárias da vegetação, no caso dos lactococos, ou do trato intestinal, no caso dos *Bifidobacterium* spp. e dos enterococos e *Lactobacillus acidophilus*.

As culturas de arranque modernas foram criadas a partir do ato de reter pequenas quantidades de soro de leite ou de nata do fabrico bem sucedido de um produto fermentado num dia anterior e utilizá-las como inóculo ou arranque para a produção do dia anterior. Este ato tem sido designado por vários nomes, mas o termo "back-slopping" é amplamente utilizado, particularmente no fabrico de salsichas fermentadas.

CAPÍTULO 2

CLASSIFICAÇÃO DAS CULTURAS INICIADORAS

Classificação /Grupos taxonómicos segundo o manual de Bergey:

Os fermentos lácteos são geralmente classificados com base na sua capacidade de utilizar a lactose, como se mostra na Fig. (2).

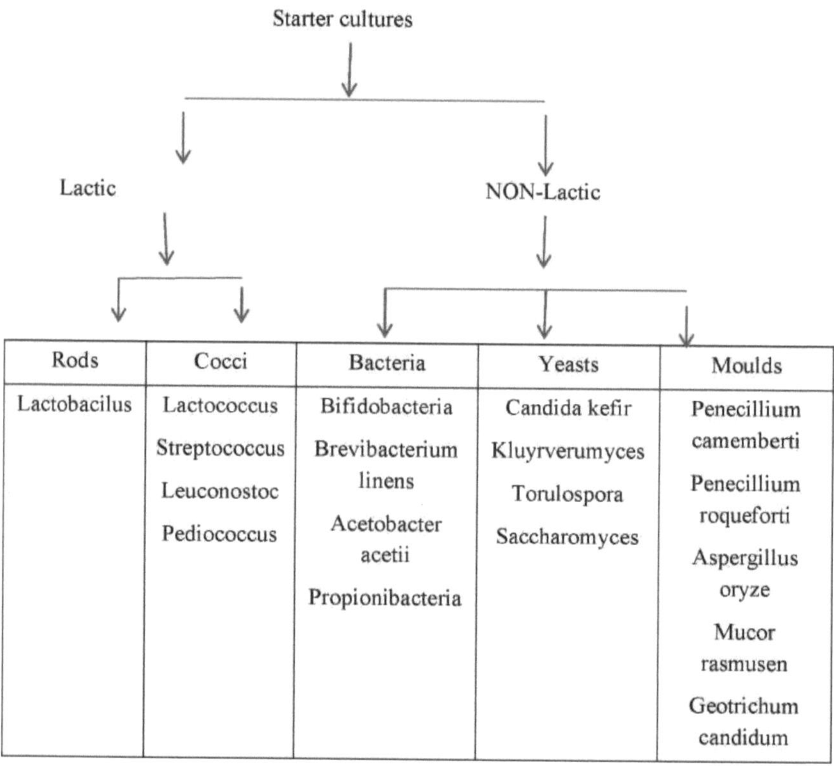

Rods	Cocci	Bacteria	Yeasts	Moulds
Lactobacilus	Lactococcus Streptococcus Leuconostoc Pediococcus	Bifidobacteria Brevibacterium linens Acetobacter acetii Propionibacteria	Candida kefir Kluyrverumyces Torulospora Saccharomyces	Penecillium camemberti Penecillium roqueforti Aspergillus oryze Mucor rasmusen Geotrichum candidum

Fig. 1. Classificação dos fermentos lácteos

Bactérias:

Género lactococcus

Bergey's Manual of Systematic Bacteriology (1986), combinou todas as bactérias lácticas mesófilas (LAB) com *Lactococcus lactis* para formar uma única espécie, uma vez que possuem

1. Quininas isoprenóides idênticas e a enzima β-fosfotase
2. Desidrogenase láctica indistinguível
3. Percentagem idêntica de guanina e citosina.
4. Elevada homologia do ADN

Os exemplos incluem:

Lactococcus lactis subsp. *cremoris* : Produtor de ácido mas não *produtor de* sabor

Lactococcus lactis subsp. *cremoris* : Produtor de ácido mas não *produtor de* sabor

Lactococcus lactis subsp. *lactis* biovar. *diacetylactis*: Produtor de ácido e de sabor

Todas estas espécies de *Lactococcus* são de natureza mesófila e a sua temperatura óptima de crescimento situa-se entre 25-30°C. Todos são organismos homofermentativos.

Género streptococcus:

Os membros do género *Streptococcus* são organismos Gram-positivos que normalmente formam pares ou cadeias. Em 1937, Sherman separou o género de acordo com as características fisiológicas e de crescimento, especialmente no que diz respeito às limitações de temperatura no crescimento. Quatro grupos gerais designados por Sherman são (1) piogénico, (2) viridans, (3) enterococcus e (4) lático. Esta categorização tornou-se um pouco obsoleta, uma vez que se demonstrou que as relações entre as espécies se sobrepõem.

A única espécie utilizada como cultura de arranque é *Streptococcus salivarius subsp thermophilus*. Trata-se de uma cultura de iogurte, que é de natureza termofílica com uma temperatura de crescimento óptima de 3842°C. Todos são organismos homofermentativos.

Género leuconostoc

Todos são organismos heterofermentativos capazes de produzir ácido lático, CO_2 e compostos aromáticos (etanol e ácido acético) a partir da glucose. Estes organismos são normalmente utilizados juntamente com bactérias do ácido lático (LAB) em culturas de arranque de queijo de estirpes múltiplas ou mistas, que produzem compostos aromáticos.

Leuconostoc cremoris

Leuconostoc citrovorum

Leuconostoc dextranicum

Género lactobacillus:

O Lactobacillus delbruekii subsp *bulgaricus* é utilizado para a preparação de iogurte juntamente com o *Streptococcus salivarius subsp thermophilus*. Estes dois organismos apresentam uma relação simbiótica.

Lactobacillus acidophilus é uma cultura probiótica, utilizada para a preparação de leite acidófilo e outros produtos lácteos probióticos como Bifighurt, Bioghurt, etc. Os membros de *lactobacillus* são classificados com base na fermentação da glucose em 3 grupos, como se mostra na Figura (2).

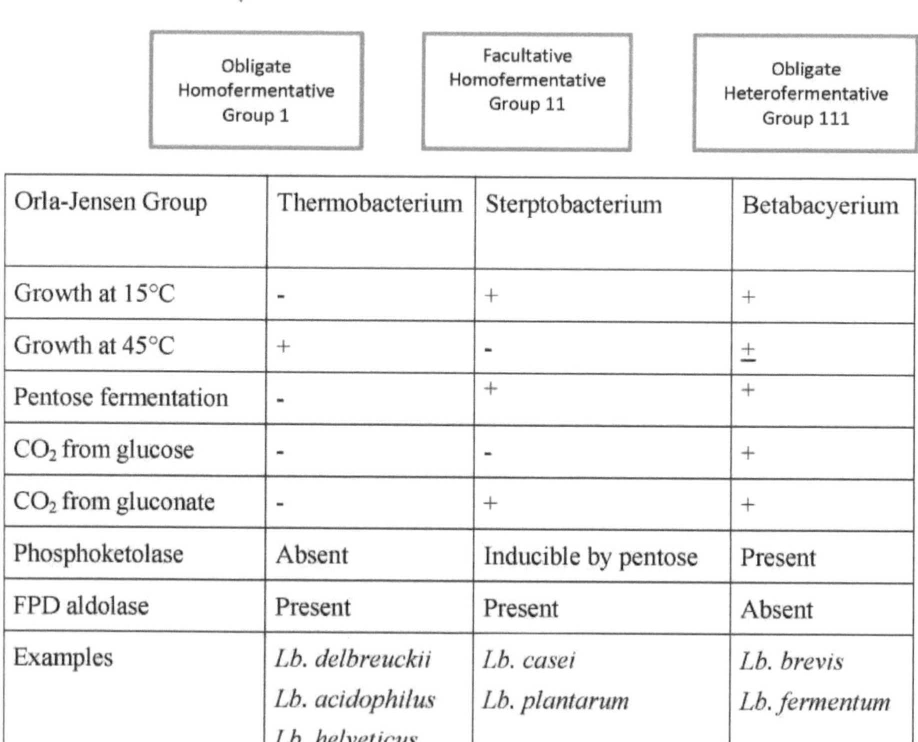

Orla-Jensen Group	Thermobacterium	Sterptobacterium	Betabacyerium
Growth at 15°C	-	+	+
Growth at 45°C	+	-	±
Pentose fermentation	-	+	+
CO_2 from glucose	-	-	+
CO_2 from gluconate	-	+	+
Phosphoketolase	Absent	Inducible by pentose	Present
FPD aldolase	Present	Present	Absent
Examples	*Lb. delbreuckii* *Lb. acidophilus* *Lb. helveticus*	*Lb. casei* *Lb. plantarum*	*Lb. brevis* *Lb. fermentum*

Fig.2. Classificação de *lactobacillus* com base na fermentação da glucose

Bactéria do género bífido:

Encontram-se no intestino dos bebés, nos intestinos do homem, de vários animais e das abelhas. Estes organismos são geralmente utilizados na preparação de produtos lácteos fermentados terapêuticos em combinação com iogurte, leite acidófilo ou fermentos lácteos yakult.

Ex: *Bifidbacterium bifidum, Bifidobacterium longum, Bifidobacterium inf antis, Bifidobacterium breve*, etc.

A temperatura óptima de crescimento é de 37 - 41°C. As condições anaeróbicas são essenciais para um crescimento ótimo. O leite fermentado com bifidobactérias tem um sabor caraterístico a vinagre devido à produção de acetato e lactato a partir do metabolismo dos hidratos de carbono.

Género propionibacterium

A Propionibacterium freudenreichii e a Propionibacterium shermanii são utilizadas no queijo suíço. Têm a capacidade de produzir grandes buracos de gás no queijo durante o período de maturação. *P. jensenii, P. thoenii e P. acidipropionici* são outros organismos presentes nestes géneros.

Género brevebacterium:

A Brevebacterium linens é utilizada como cultura de arranque na preparação de queijos de cura superficial bacteriana. Confere uma cor laranja-avermelhada caraterística à crosta (ou formação de manchas) do queijo Brick e Limburger ou do queijo *Camembert*.

Moldes:

Os moldes são utilizados no fabrico de algumas variedades de queijo semi-mole e em alguns produtos lácteos fermentados. Os moldes realçam o sabor e modificam ligeiramente o corpo e a textura da coalhada.

Bolor branco:

É utilizado no fabrico de queijos curados com bolor de superfície, como os queijos *Camembert* e Brie.

Ex: *Penicillium camemberti, Penicillium caseicolum, Penicillium candidum*

Bolor azul:

É utilizado no fabrico de queijos curados com bolor interno, como o Roquefort, o Blue Stilton, o Danish blue, o Gorgonzola e os queijos de micela.

Ex: *Penicillium roquefortii*

Outros moldes:

Mucor rasmusen : utilizado na Noruega para o fabrico de queijo de leite desnatado curado.

Asperigillus oryzae : utilizado no Japão para o fabrico de queijo de leite de soja.

Geotricum candidum: utilizado no fabrico de Villi, um produto de cultura da Finlândia. O bolor cresce à superfície do leite, formando a camada branca aveludada.

Leveduras:

As leveduras são utilizadas no fabrico do Kefir e do Kumiss

Grãos de Kefir:

Os grãos de kefir são constituídos por uma mistura de diferentes microrganismos, como a *Candida kefir, Kluyeromyces marxianus, Saccharomyces kefir, Torulopsis kefir.*

Kumiss:

A microflora de arranque importante do kumiss inclui *Torulopsis* spp. *Kluyeromyces marxianus* var *lactis, Saccharomyces cervisiae*

Tipos de arrancadores

Os fermentos são agrupados em diferentes categorias com base na composição da microflora, na temperatura de crescimento, no tipo de produtos, na produção de aromas e no tipo de fermentação, nas seguintes categorias

1 - Com base na composição da microflora/organismos
   a. **Único**: Sempre utilizado como um único organismo na preparação de dahi ou queijo. O único problema é que pode ocorrer uma falha súbita do fermento devido a um ataque de bacteriófagos, o que leva a grandes perdas para a indústria.
   b. **Estirpe compatível emparelhada**: São utilizadas duas estirpes de culturas com actividades complementares em proporções conhecidas. Deste modo, reduzem-se as probabilidades de fracasso das culturas. . No caso de
   de ataque de bacteriófagos, apenas um tipo de organismo será afetado e o outro organismo levará a cabo a fermentação sem qualquer problema.
   c. **Estirpe mista**: São utilizados mais de dois organismos que podem ter características diferentes, como a produção de ácido, a produção de sabor, a produção de lodo, etc., numa proporção desconhecida.

d. **Estirpe mista múltipla:** São utilizadas mais de duas estirpes numa proporção conhecida. A qualidade e o comportamento destas estirpes são previsíveis.

2 Com base na temperatura de crescimento

Com base na temperatura de crescimento, os organismos podem ser divididos em mesófilos e termófilos.

1- **Culturas de arranque mesófilas**: A temperatura óptima de crescimento destas culturas é de 30°C e têm um intervalo de temperatura de crescimento de 22 a 40°C. Os fermentos lácteos mesófilos contêm geralmente organismos do género Lactococci.

Ex. Culturas de Dahi : Lactococcus spp. tais como

- *Lactococcus lactis* subsp. *cremoris*
- *L. delbrueckii* subsp. *lactis*
- *L. lactis* subsp. *lactis* biovar *diacetylactis*
- *Leuconostoc mesenteroides* subsp. *cremoris*

ii- **Culturas de arranque termofílicas**: A temperatura óptima de crescimento destas culturas é de 40°C e têm um intervalo de temperatura de crescimento de 32-45°C. Os exemplos incluem:

- *Streptococcus salivarius* subsp. *thermophilus (S.thermophilus)*
- *Lactobacillus delbrueckii* subsp. *bulgaricus*
- *L. delbrueckii* subsp. *lactis*
- *L. casei*
- *L. helveticus*
- *L. plantarum*

3- Com base na produção de aromas

Os fermentos são agrupados em tipos B, D, BD e N com base na sua capacidade de produção de aromas

Tipo B (L): Leuconostocs como produtor de aromas (antiga designação é Betacocccus)

Tipo D: *L. lactis* subsp *lactis biovar diacetylactis*

Tipo BD (LD): Mistura de ambas as culturas acima referidas

Tipo N ou O: Ausência de organismo produtor de aroma

4- Em função do tipo de fermentação

Os fermentos são classificados como homo ou hetero fermentadores com base nos produtos finais resultantes do metabolismo da glucose.

> Culturas homo fermentativas: por exemplo, *Lactococcus lactis* subsp *lactis*
>
> Culturas hetero fermentativas, por exemplo, *Leuconostoc dextranicum*

CAPÍTULO 3

FERMENTO LÁCTICO

Bactérias do ácido lático:

A fermentação láctica é conhecida desde há muito tempo e a expressão "bactérias do ácido lático" foi utilizada pelos primeiros bacteriologistas para descrever as bactérias que azedavam imediatamente os alimentos convencionais fermentados com ácido lático. Nos países desenvolvidos, a grande maioria da fermentação do ácido lático foi acumulada em produtos lácteos e vegetais, enquanto nos países em desenvolvimento e, em particular, em África, a fermentação do ácido lático predomina em toda a transformação indígena de cereais como o milho, o sorgo, o painço e as culturas de raízes como a mandioca.

As bactérias utilizadas no fabrico de produtos lácteos fermentados são geralmente bactérias lácticas (LAB); no entanto, são também utilizadas *Propionibacterium shermanii* e *Bifidobacterium* spp. que não são bactérias lácticas, embora as espécies de *Bifidobacterium* produzam ácido lático. Além disso, outras bactérias, como a *Brevibacterium linens*, responsável pelo sabor do queijo Limburger, e bolores (espécies de *Penicillium*) são utilizadas no fabrico dos queijos Camembert, Roquefort e Stilton.

Os processos de fermentação do ácido lático sobreviveram em África ao longo dos séculos devido aos seguintes benefícios desta tecnologia:

1- Serve como uma tecnologia doméstica para melhorar a segurança alimentar.

2- Serve como método de conservação de alimentos de baixo custo em África.

3- Contribui para a melhoria do valor nutricional e da digestibilidade das matérias-primas alimentares em África. Além disso, as fermentações de ácido lático sobreviveram devido às crenças tradicionais, ao bom gosto e ao aspeto do produto, bem como ao longo prazo de validade.

Tabela 2. Principais BAL utilizadas na fermentação de alimentos

Species	subspecies	Type of starter	Main uses
Lactococcus	*Lc.lactis subsp. lactis*	Mesophilic	Many cheeses, butter, butter milk
Lactococcus	*Lc.lactis subsp. Lactis biovar. diacetylactis*	Mesophilic	Gouda, edam, laxtic butter, sour cream, butter milk
Lactococcus	*Lc.lactis subsp. cremoris*	Mesophilic	Many cheeses, butter, butter milk
Streptococcus	*Sc. thermophilus*	Thermophilic	Yoghurt and many hard and semi-hard high- cook cheeses
Lactobacillus	*Lb. acidophilus*	Probiotic adjunct culture	Cheese and yoghurt
	Lb. delbrueckii subsp. bulgaricus	Thermophilic	Yoghurt and many hard and semi-hard cheeses
	Lb. delbrueckii subsp. lactis	Thermophilic	Fermented milk, high cook cheese
	Lb. helveticus	Thermophilic	Fermented milk and many hard and semi-hard high-cook cheeses
	Lb.casei	Probiotic adjunct culture	Cheese ripening
	Lb. plantarum	Probiotic adjunct culture	Cheese ripening
	Lb. rhamnosus	Probiotic adjunct culture	Cheeses
Leuconostoc	*Ln. mesentroides subsp. cremoris*	Mesophilic	Edam, gouda, fresh cheese, lactic butter, sour cream.

Fonte: Gemechu (2015).

As BAL estão atualmente a ser utilizadas para produzir diversidade nos alimentos, alterando o sabor, a textura e o aspeto das matérias-primas de uma forma desejável. Os sabores azedos e aromáticos conferidos pela fermentação do ácido lático são características desejáveis nos produtos fermentados e dão uma imagem natural aos produtos. Também se sabe que as bactérias do ácido lático colonizam a mucosa intestinal humana, provocando efeitos benéficos. Existem atualmente dezasseis géneros de bactérias lácticas (LAB). Muitas espécies dos géneros *Enterococcus*,

Lactobacillus, Lactococcus, Oenococcus, Oenococcus, Ped iococcus, Streptococcus e *Tetragenococcus* são importantes nas fermentações alimentares e foram recentemente revistas. Estes microrganismos diferem na sua composição de um produto para outro. Por isso, desenvolveu-se um grande número de tipos de leite fermentado. As variáveis incluem o tratamento térmico do leite, a temperatura de fermentação, a percentagem de inóculo e a concentração do leite. De acordo com estas condições, vários tipos de bactérias do ácido lático tornam-se predominantes, por exemplo, produzindo vários componentes de sabor. As espécies de muitos géneros de BAL são utilizadas como culturas de arranque. Os géneros incluem:

Leuconostocs:

A classificação original das bactérias colocava o género *Leuconostoc* próximo do *Streptococcus*, uma vez que se baseava largamente na morfologia, embora num género separado como os "cocos heterofermentativos", anteriormente designados por betacocos por Orla-Jensen. Produzem D (-) lactato a partir da glucose, por oposição ao L (+) lactato produzido pelos lactococos e ao DL-lactato produzido pelos lactobacilos heterofermentativos, com os quais partilham muitas características. *Leuconostoc* é o género predominante entre as BAL nas plantas, sendo *Leuconostoc mesenteroides subsp. mesenteroides* o principal isolado

Todas as espécies de Leuconostocs são capazes de produzir ácido lático, CO_2 e compostos aromáticos (etanol e ácido acético) a partir da glucose. Estes organismos são normalmente utilizados juntamente com bactérias do ácido lático (LAB) em culturas de arranque de queijo de estirpes múltiplas ou mistas, que produzem compostos aromáticos.
Leuconostoc cremoris
Leuconostoc citrovorum
Leuconostoc dextranicum

As espécies de Leuconostocs são importantes produtores de sabor em alguns produtos lácteos fermentados. Há um consenso geral de que duas espécies, *Leuconostoc mesenteroides* subsp. *cremoris* e *Lecon. lactis,* são importantes em culturas de arranque. Ao contrário dos lactococos, os leuconostocos crescem em ágar Rogosa e são hetrofermentativos, produzindo dióxido de carbono a partir da glucose e, normalmente, da frutose. Embora a produção de dióxido de carbono seja indesejável no queijo Cheddar, a produção de gás é desejável nalgumas variedades, por exemplo, no Emmental.

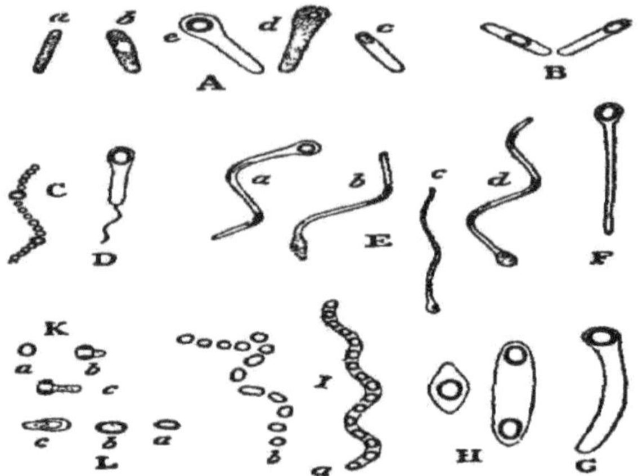

Fig. (3). Células de Leuconostoc

No exame microscópico, os leuconostocos aparecem geralmente como cocos Grampositivos semelhantes em tamanho e forma (ocorrem aos pares e em cadeias geralmente curtas) aos lactococos. No entanto, é frequente encontrar pequenos bastonetes e, uma vez que os leuconostocos crescem em ágar Rogosa, pode haver uma tendência para assumir que estas culturas estão contaminadas, por exemplo, com lactobacilos. Ao contrário dos lactococos, os leuconostocos não produzem amoníaco a partir da arginina e produzem o isómero D do ácido lático. Com algumas excepções, os leuconostocos só crescem fracamente no leite e não são capazes de reduzir o tornassol antes da coagulação em meio de tornassol de leite.

O isolamento e a identificação de leuconostocos em fermentos lácteos são demorados e laboriosos (ver Billie *et al.*, 1992) e o autor considerou útil a utilização de ágar Rogosa para obter isolados iniciais. A fermentação de hidratos de carbono e a identificação do isómero do ácido lático são elementos úteis num protocolo de identificação.

Streptococcus:

Os estreptococos foram das primeiras bactérias a ser identificadas pelos microbiologistas, devido à sua associação a um grande número de doenças humanas e animais. O género Streptococcus foi inicialmente descrito tendo em conta as características morfológicas, serológicas, fisiológicas e bioquímicas e envolveu uma extensa variedade de organismos, incluindo as bactérias altamente patogénicas, *S. preumoniae , S pyogenes e S. agalactiae* ; os estreptococos intestinais do grupo D. *S faecalis e S. faecium* ; e as bactérias do grupo N, economicamente importantes, *S.cremoris e S. lactis.*

Os membros do género *Streptococcus* são organismos Gram-positivos que normalmente formam pares ou cadeias. Em 1937, Sherman separou o género de acordo com as características fisiológicas e de crescimento, especialmente no que diz respeito às limitações de temperatura no crescimento. Quatro grupos gerais designados por Sherman são (1) piogénico, (2) viridans, (3) enterococcus e (4) lático. Esta categorização tornou-se um pouco obsoleta, uma vez que se demonstrou que as relações entre as espécies se sobrepõem.

O Streptococcus é classificado como um termófilo que cresce a 45°C ou mais e é amplamente utilizado na produção de iogurte e de alguns tipos de queijo, como o queijo Mozzarella. *O Streptococcus thermophilus* é a única espécie deste género encontrada em culturas de arranque. Recentemente, tem sido amplamente utilizado na produção de queijo Cheddar. É um componente, juntamente com os lactococos, em algumas culturas DVI / DVS, nas quais produz ácido rapidamente durante o escaldamento. A sua incorporação nas culturas de Cheddar tem também a vantagem de reduzir os custos de produção das culturas DVI/DVS e de controlar os preços de retalho. O crescimento pára a cerca de 15°C.

Na produção de iogurte, os cocos são células de *Streptococcus thermophilus* e os bastonetes são   células   de *Lactobacillus delbrueckii* subsp. *bulgaricus. Tal* como os lactococos e muitos leuconostocos, as estirpes de *Streptococcus thermophilus* são catalase-negativas; têm forma de cocos e ocorrem em pares e cadeias. Geralmente, a maioria das estirpes produz cadeias longas. Apenas é produzido ácido L-lático e o dióxido de carbono não é produzido a partir da glucose. Algumas estirpes produzem urease e têm potencial para produzir CO_2 a partir da ureia.

Uma vez que *Streptococcus thermophilus* e organismos *semelhantes a Streptococcus thermophilus* podem crescer na secção de regeneração dos pasteurizadores, podem ocorrer frequentemente níveis elevados no queijo. As estirpes produtoras de urease têm o potencial de causar a abertura do queijo. Além disso, a incapacidade de muitas estirpes para processar a galactose pode dar origem a queijo com convergências notáveis de um amido fermentável que pode ser utilizado pelo NSLAB para a produção de gás.

A associação potencial de *Streptococcus thermophilus* deve ser considerada durante os exames de ocorrências de textura aberta ou geração inconfundível de gás no queijo. É provável que os problemas intermitentes de acidificação precoce excessiva experimentados pelos fabricantes de Mozzarella que utilizam ciclos de produção prolongados com leite pasteurizado se devam ao NSLAB e, em particular, a organismos *semelhantes ao Str. thermophilus* que cresceram até atingirem densidades celulares elevadas na secção de regeneração dos pasteurizadores.

As estirpes diferem na sua capacidade de utilização da galactose. A utilização de estirpes que não fermentam a galactose resultará em níveis elevados deste açúcar redutor nos produtos. Uma vez que a galactose e outros açúcares redutores reagem com aminoácidos na reação de Maillard, é habitual selecionar apenas estirpes que utilizem galactose para reduzir a probabilidade de ocorrência de alterações de cor indesejáveis nos produtos aquecidos.

O Streptococcus salivarius, que se encontra habitualmente na salivação, foi identificado por ADN: A hibridação de ADN concentra-se em *Streptococcus thermophilus*. Neste sentido, durante alguns anos, o *Streptococcus thermophilus* foi classificado como uma subespécie do *Streptococcus salivarius*. No entanto, é agora aceite que o *Streptococcus thermophiles*, embora semelhante, é adequadamente inconfundível para justificar a designação de espécie.
O Streptococcus thermophilus é sensível a baixos níveis de sais e, em particular, a concentrações de cloreto de sódio de cerca de 2%. Esta sensibilidade é importante na utilização de culturas DVI / DVS em Cheddar e queijos semelhantes. Os produtores de queijo devem compreender que quando a concentração de sal na humidade excede os 2 - 3%, a utilização da lactose e a produção de ácido param.

O meio M17, amplamente utilizado como parte de concentrados em estudos com lactococos, não é um meio ideal para o crescimento de algumas estirpes, a menos que seja modificado para reduzir a sua concentração de glicerofosfato. Note-se que grandes porções de estirpes *semelhantes a lactococos* isoladas de pasteurizadores são significativamente menos sensíveis ao sal e desenvolvem-se tipicamente de forma atractiva em ágar M17.

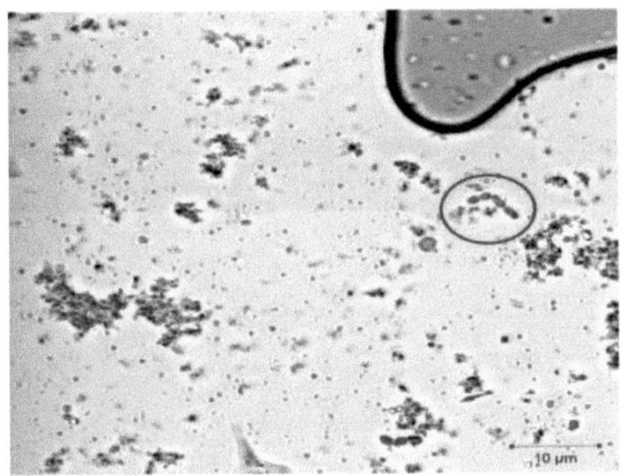

Fig. (4). *Streptococcus thermophilus*

Lactobacillus:

O género *Lactobacillus* é composto por um grande grupo de bactérias Gram positivas, catalase negativas, em forma de bastonete. Algumas espécies são homofermentativas, enquanto outras são hetrofermentativas. Enquanto algumas espécies produzem principalmente L-lactato a partir da glucose, outras produzem D-lactato. Uma vez que algumas estirpes apresentam uma atividade significativa de racemase (uma racemase é uma enzima isomerase), o ácido lático D/L também é produzido. As estirpes podem também apresentar uma morfologia cocóide, o que pode levar a uma confusão com os leuconostocs e talvez mesmo com os lactococci.

Os lactobacilos são utilizados como fermentos na produção de iogurte e queijo Mozzarella. Também são utilizados como fermentos subordinados para promover uma maturação mais rápida do Cheddar e de queijos comparáveis, para diminuir a taxa de intensidade do amargor e como probióticos em produtos de tipo iogurte.

O Lactobacillus delbrueckii subsp. *bulgaricus* é amplamente utilizado juntamente com o *Streptococcus thermophilus* como fermento na produção de iogurte. Esta subespécie é homofermentativa, produz cerca de 2% p/v de ácido lático no leite, tem uma temperatura óptima de 42°C e cresce a temperaturas de 45°C e superiores. Não se desenvolve em baixas concentrações de sal e é sensível aos sais biliares.

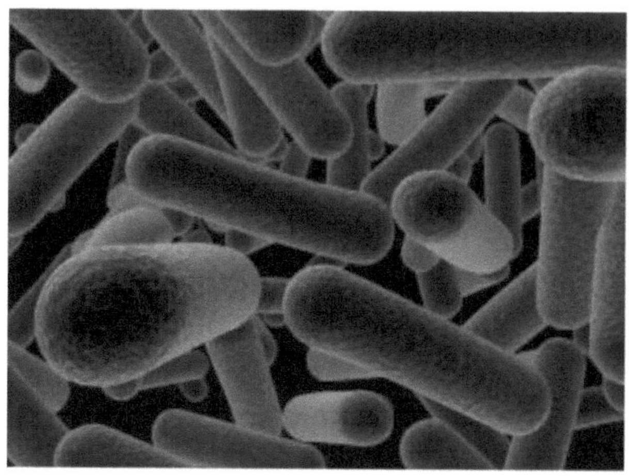

Fig. (5). *Lactobacillus bulgarius*

O Lactobacillus acidophilus, que está tipicamente presente no sistema digestivo, não é geralmente utilizado como fermento; é amplamente utilizado como probiótico. Esta bactéria é homofermentativa, produzindo altas concentrações de ácido D-lático no leite, tem uma temperatura óptima de 37°C, e é relativamente tolerante ao oxigénio, em comparação com as espécies de *Bifidobacterium* que são frequentemente utilizadas em conjunto com este organismo. O crescimento é reduzido a temperaturas inferiores a 20°C e a maioria das estirpes não apresenta crescimento a 15°C. Uma vez que *o Lactobacillus acidophilus* produz D-lactato, tem havido algumas preocupações quanto à sua utilização na alimentação infantil.

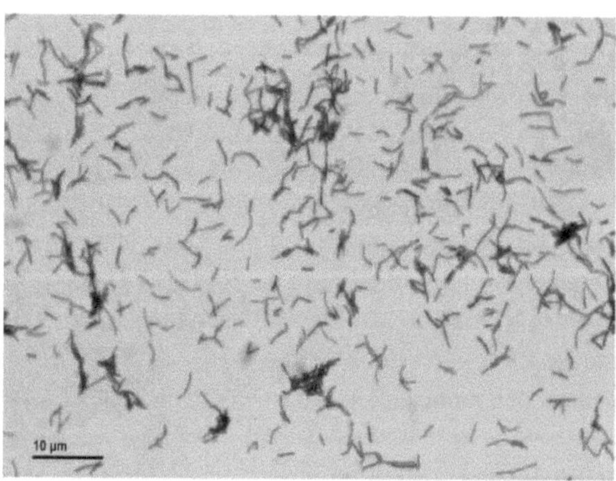

Fig. (6). *Lactobacillus acidophilus*

O Lactobacillus casei é também um habitante normal do intestino delgado e é impermeável à bílis. É utilizado como probiótico, embora se encontre nalgumas culturas de arranque e seja geralmente uma de várias bactérias lácticas não iniciadoras (NSLAB) encontradas no queijo Cheddar. O ágar Rogosa é amplamente utilizado como meio de isolamento geral para lactobacilos.

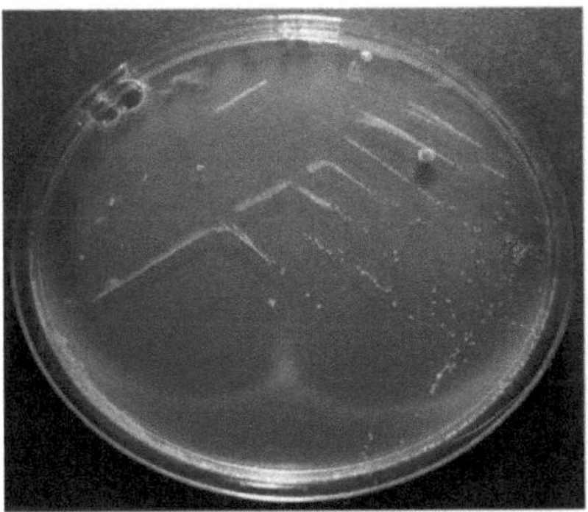

Fig. (7). *Lactobacillus casei*

O Lactobacillus helveticus é frequentemente utilizado juntamente com outras bactérias lácticas termofílicas na produção de uma gama de produtos lácteos fermentados, incluindo queijo Emmental, Mozzarella e iogurte. Uma vantagem desta espécie, juntamente com *Lb. delbrueckii* subsp. *bulgaricus,* é que *Lactobacillus helveticus* utiliza galactose, o que pode ser útil se forem necessários produtos isentos de açúcares redutores. Uma vez que muitas estirpes parecem ter uma ação semelhante à da prolina-iminopeptidase, o *Lactobacillus helveticus* tem sido utilizado para produzir "queijo tipo Cheddar" modificado com alguns dos atributos de "doçura" dos queijos suíços como o Emmental. Mais recentemente, estirpes atribuídas têm sido utilizadas como subordinadas de arranque para diminuir o amargor num conjunto de queijos, para melhorar ou potencialmente para acelerar a maturação.

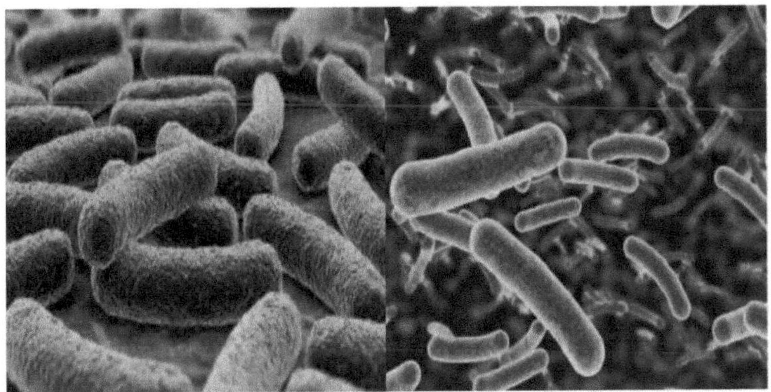

Fig. (8). *Lactobacillus helveticus*

O amargor é reduzido devido à ação da peptidase sobre os péptidos hidrofóbicos derivados do fermento. A espécie é homofermentativa e produz altas concentrações de ácido lático D/L no leite. Muitas estirpes crescem a 45 °C, apesar de as temperaturas mais baixas, 42-43 °C, darem, na sua maioria, recuperações mais elevadas quando enumeradas utilizando meios selectivos como Rogosa ou ágares MRS modificados.

(algumas estirpes atípicas podem demorar várias semanas a desenvolver-se a 15 °C ou menos).

Lactococcus:

Basicamente, as bactérias deste grupo foram classificadas como membros do género *Streptococcus* e foram designadas como estreptococos lácticos. Foram diferenciadas de outros estreptococos, alguns dos quais são patogénicos, pela sua reação específica com o antissoro do grupo N e pela sua tolerância à temperatura, sal e corantes. Sabe-se agora que a serotipagem da BAL láctica tem um valor limitado na diferenciação das espécies; as estirpes da mesma espécie podem reagir com soros diferentes e algumas estirpes podem não apresentar antigénio de grupo.

A forma ovoide dos lactococos pode ser difícil de interpretar, tendo em conta o facto de as células serem, em alguns casos, alongadas no plano de formação da cadeia, o que leva à classificação incorrecta de alguns lactococos como lactobacilos. O habitat mais conhecido para os lactococos são os produtos lácteos. São bactérias homofermentativas não móveis, em forma de cocos, que crescem a 10°C mas não a 45° C e produzem L (+)-ácido lático a partir da glucose. Algumas estirpes estão bem adaptadas para se desenvolverem no leite devido à sua eficiente absorção e fermentação da lactose. As estirpes com a capacidade de utilizar citrato com produção de diacetilo foram classificadas como *S. diacetylactis* e, subsequentemente, como *Lc. lactis* subsp. *lactis*. A utilização de lactococos está generalizada e tem a mais longa convenção na tecnologia industrial de culturas de arranque. As estirpes de *Lc. lactis* produzem nisina, que é uma bacteriocina de gama relativamente ampla, ativa contra bactérias gram-positivas, incluindo *Clostridium botulinum* e os seus esporos

Os lactococos podem ser diferenciados ao nível da espécie ou da biovariante utilizando o esquema desenvolvido para os estreptococos lácticos. Os lactococos não crescem em ágar Rogosa. Estão disponíveis meios diferenciais, mas não selectivos, que podem ser úteis para o controlo de qualidade e o isolamento de estirpes. O meio, Reddys' Differential Agar, desenvolvido por Reddy *et al.* (1972) continua a ser útil. Este meio contém os ingredientes diferenciais lactose, citrato de cálcio, L-arginina e o indicador de pH púrpura de bromocresol. Este indicador dá cores amarelas e azuis/púrpuras em condições ácidas e alcalinas, respetivamente.

O Lactococcus lactis subsp. *cremoris* produz colónias amarelas devido à produção de ácido a partir da lactose. *O Lactococcus lactis subsp. lactis*, ao produzir ácido, também produz amoníaco a partir da arginina. O amoníaco neutraliza o ácido e acaba por produzir uma reação alcalina que resulta em colónias de cor azul/púrpura. *Lactococcus lactis* subsp. *Lactis* biovar. *diacetylactis* também produz uma colónia azul/púrpura. Dado que algumas estirpes de *Lactococcus lactis subsp. lactis* possuem apenas uma fraca atividade de arginase, as técnicas de estria numa versão melhorada deste meio podem ser úteis na identificação dessas estirpes.

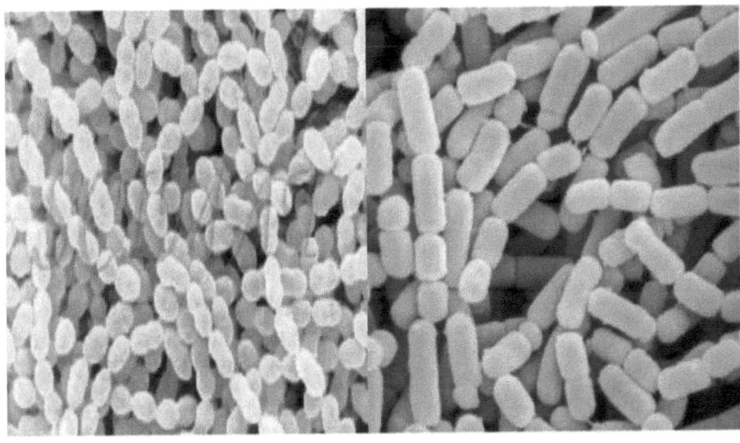

Fig. (9). *Lactococcus lactis* subsp. *Lactis*

Atividade metabólica das bactérias do ácido lático:

As bactérias do ácido lático (LAB) são, na sua maioria, mesófilas, mas podem desenvolver-se a temperaturas tão baixas como 5 °C ou tão altas como 45 °C. Além disso, embora a maioria das estirpes cresça a pH 4,0-4,5, algumas são activas a pH 9,6 e outras a pH 3,2. As estirpes são geralmente fracamente proteolíticas e lipolíticas e necessitam de aminoácidos, bases de purina e pirimidina e vitaminas B para o seu crescimento.

Fig. (10). Esquema generalizado para a fermentação da glucose em bactérias lácticas

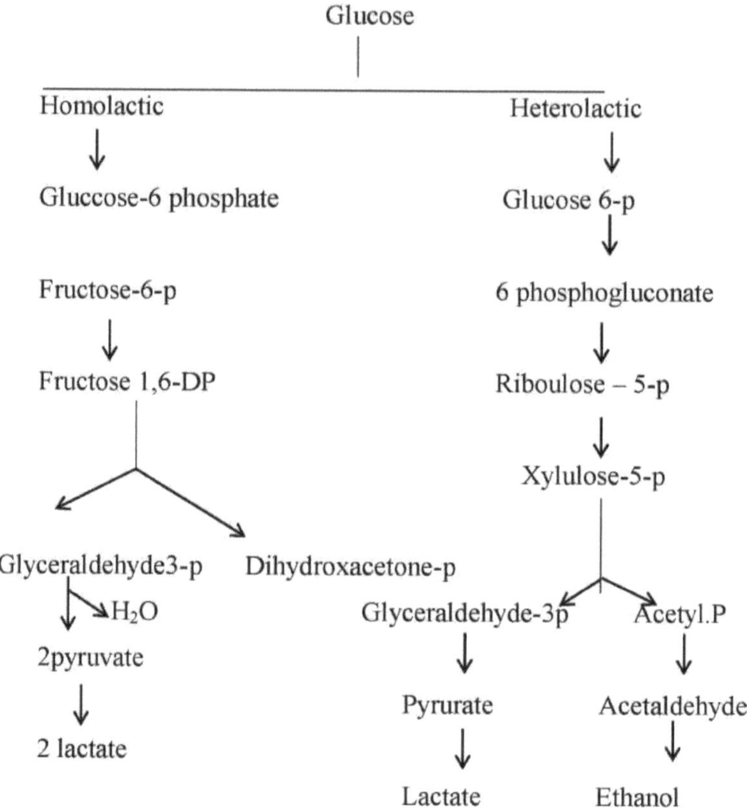

Fonte: Cogan e Hill (1993)

Todas as BAL produzem ácido lático a partir de hexoses e, uma vez que não possuem cadeias de transporte de electrões funcionais e um ciclo de Krebs funcional, obtêm energia através da fosforilação ao nível do substrato. O ácido lático produzido pode ser L (+) ou, menos frequentemente, D(-) ou uma mistura de ambos. É de salientar que o ácido D(-) lático não é recomendado para bebés e crianças pequenas (OMS, 1974). As vias para as hexoses dividem as bactérias do ácido lático em dois grupos, homofermentativas e heterofermentativas (Fig. 10).

Os homofermentadores como *Pediococcus, Streptococcus, Lactococcus* e alguns *Lactobacillus* produzem ácido lático como único produto final da fermentação da glucose. No entanto, em condições de desenvolvimento modificadas e quando o substrato subjacente é uma pentose, esta situação pode alterar-se. Os homofermentadores utilizam a via da glicólise para gerar dois moles de lactato por mole de glucose e obtêm aproximadamente o dobro da energia por mole de glucose do que os heterofermentadores. Os heterofermentadores, como Weisella e *Leuconostoc* e alguns *Lactobacillus,* produzem quantidades equimolares de lactato, CO_2 e etanol a partir da glucose através da via das hexoses monofosfato ou das pentoses.

CAPÍTULO 4

ALTERAÇÕES FERMENTATIVAS DO LEITE PROVOCADAS POR FERMENTOS LÁCTEOS

As culturas iniciadoras podem provocar pelo menos 4 reacções de fermentação principais no leite:

1- Fermentação do ácido lático 2-Fermentação do ácido propoínico 3- Fermentação alcoólica

4- Fermentação com ácido cítrico

1- Fermentação do ácido lático:

A fermentação do ácido lático é o tipo mais simples de fermentação - uma reação de uma etapa. Nesta reação não se forma gás. Uma vez que 2 moléculas de ATP são consumidas na formação de difosfato de hexose a partir da glucose e 4 moléculas são subsequentemente produzidas, o rendimento líquido é de 2 ATP por molécula de hexose metabolizada. Como 2 moléculas de hexose são geradas a partir de uma molécula de lactose, há um rendimento líquido de 4 moléculas de ATP. Esta fermentação é idêntica à via glicolítica. Existem dois tipos de fermentação láctica:

O produto final é o 1-Homoláctico:lactato (ácido lático), e as bactérias do ácido lático
 (LAB envolvidas) incluem: *Lactobacillus casei, Lactococcus lactis* subsp. *lactis,*
 Lactococcus lactis subsp. *cremoris.*
2-Heteroláctica: apenas metade de cada molécula de glucose é convertida em lactato
 (ácido lático), sendo a outra metade convertida noutros produtos.

Ambos os tipos são responsáveis pela acidificação do leite e pelo fornecimento de sabores desejáveis.

No queijo suíço, a formação tardia de $Co2$ é responsável pela formação de olhos, enquanto o ácido propiónico contribui para o desenvolvimento do sabor.

Fermentação do ácido 2-propiónico:

O ácido propiónico e os seus sais são geralmente utilizados como agentes antifúngicos na indústria e, em particular, na indústria alimentar. Uma parte substancial desta produção é efectuada por via petroquímica. No entanto, os processos de fermentação têm sido descritos desde 1923. O interesse crescente dos clientes por produtos biológicos e o desempenho mais eficiente de novos processos de fermentação restauraram o interesse dos cientistas e da indústria por uma nova investigação da produção biológica de ácido propiónico. . a expansão deve-se ao aumento da tecnologia de biorreactores celulares de alta densidade.

Geralmente, o piruvato é carboxilado para produzir oxaloacetato, que é reduzido a succinato e depois descarboxilado para produzir propionato (ácido propiónico). As espécies do género *Propionibacterium* são utilizadas na produção de ácido propiónico. As diferentes proporções de ácido propiónico e acético resultantes da fermentação da glucose são atribuídas a diferenças na tensão de dióxido de carbono e nos valores de pH inicial e final das culturas. O ácido propiónico e os seus sais são utilizados numa série de processos, tais como a produção de plásticos de celulose, herbicidas, no fabrico de *solventes* de ésteres, aromas de frutos (propionato de citronelilo e propionato de geranilo), bases de perfumes e borracha butílica para melhorar a capacidade de processamento. Além disso, a associação do ácido propiónico com os ácidos lático e acético foi recomendada para a conservação de alimentos.

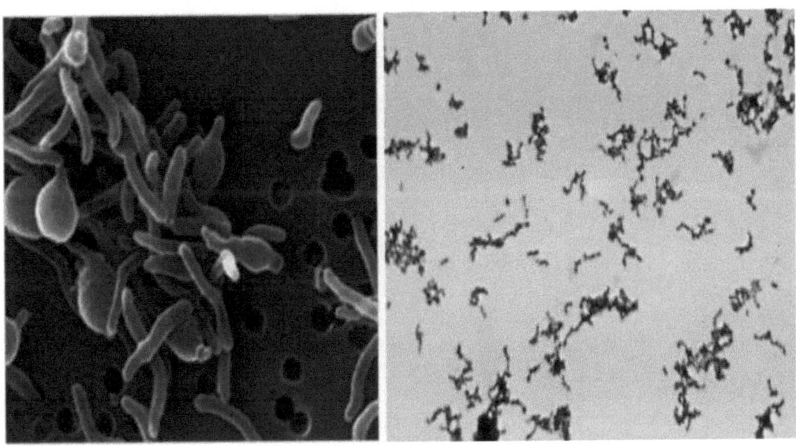

Fig. (11). *Propionibacterium shermanii*

Microbiologia da fermentação do ácido propiónico:

Os primeiros trabalhos sobre a fermentação do ácido propiónico resultaram na formulação da equação de Fitz:

3 ácido lático -> 2 ácido propiónico + 1 ácido acético + 1 CO_2 + 1 H20

ou

1,5 glucose -> 2 ácido propiónico + 1 ácido acético + 1 CO2 + 1 H20

Os rendimentos máximos são 54,8% (w/w) como ácido propiónico e 77% como ácidos totais. A formação de ácido propiónico é acompanhada pela formação de ácido acético. A via do ácido dicarboxílico é a via mais comum para a formação do ácido propiónico. A via acrílica, restrita a algumas espécies de bactérias *(Clostridium propionicum, Megasphaera elsdenii, Bacteroides ruminicola)*, também conduz à formação de ácido propiónico.

Fig. (12). Uma unidade de produção de ácido propiónico

3-Fermentação alcoólica:

A fermentação alcoólica, também conhecida como fermentação do etanol, é a via anaeróbica levada a cabo pelas leveduras, na qual os açúcares simples são transformados em etanol e dióxido de carbono. As leveduras trabalham normalmente em condições vigorosas, ou à vista do oxigénio, mas, por outro lado, estão aptas a trabalhar em condições anaeróbias, ou sem oxigénio. No momento em que não há oxigénio imediatamente acessível, a fermentação do álcool ocorre no citosol das células de levedura.

O Processo de Fermentação do Álcool:

A fermentação alcoólica é um processo complexo que inclui doze reacções químicas diferentes. Cada uma das doze reacções químicas na fermentação alcoólica da glucose requer uma enzima.

A condição fundamental para a fermentação alcoólica demonstra que a levedura começa com glicose, um tipo de açúcar, e termina com dióxido de carbono e etanol. um tipo de açúcar, e termina com dióxido de carbono e etanol. . No entanto, para compreendermos melhor o processo, temos de investigar alguns dos passos que nos levam da glucose aos produtos finais.

O processo de fermentação alcoólica pode ser dividido em duas partes. Na primeira parte, a levedura decompõe a glucose para formar 2 moléculas de piruvato. Esta parte é conhecida como glicólise. Na segunda parte, as 2 moléculas de piruvato são convertidas em 2 moléculas de dióxido de carbono e 2 moléculas de etanol, também conhecido como álcool. Esta segunda parte é designada por fermentação.

A razão fundamental da fermentação alcoólica é a produção de ATP, a moeda energética das células, em condições anaeróbicas. Assim, do ponto de vista da levedura, o dióxido de carbono e o etanol são produtos residuais. Esta é a visão geral fundamental da fermentação alcoólica.

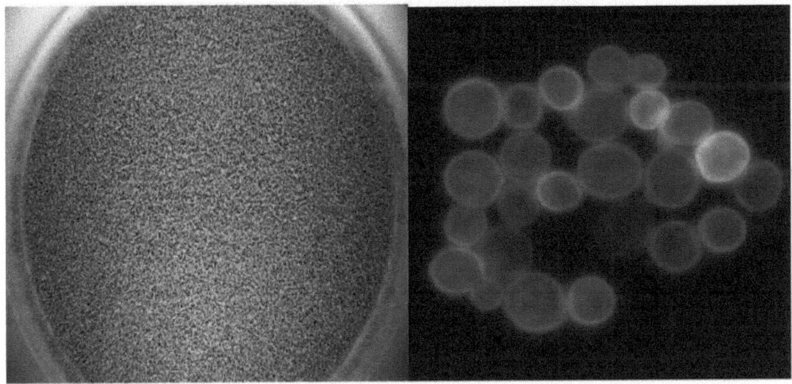

Fig.(13). Levedura de cerveja

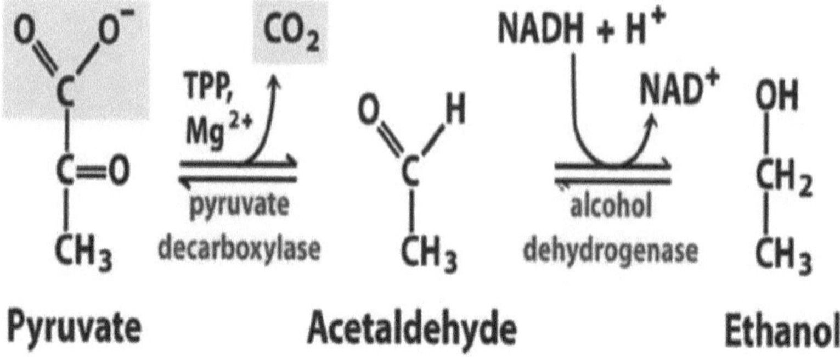

Fig. (14). Fermentação alcoólica

Condições de fermentação:

A fermentação de açúcares em etanol é promovida pelas seguintes condições:

1. Os açúcares estão em solução (envolvendo a trituração de grãos ou frutas, se necessário). Nem todos os açúcares são fermentáveis. Os açúcares não fermentáveis em solução permanecerão após a fermentação e darão origem a um produto final mais doce. O malte possui açúcares não fermentáveis que podem ser utilizados para equilibrar o amargor do lúpulo. A quantidade de açúcar na solução pode ser demasiado elevada, o que pode impedir a fermentação.

2. A presença de levedura (que contém certas enzimas): A capacidade das células de levedura para converter o açúcar em dióxido de carbono e álcool deve-se às enzimas. Estão envolvidas várias enzimas, cada uma desempenhando o seu papel no processo. O passo final é a redução da enzima Zymase, que pega no produto final das outras enzimas (acetaldeído/glicerol) e transforma-o em álcool etílico. De facto, as concentrações elevadas de álcool destroem as enzimas e matam a célula de levedura. Diferentes estirpes de levedura podem tolerar diferentes concentrações de álcool.

3. A temperatura. O processo de fermentação tem limites como a temperatura. Uma temperatura superior a 27°C mata a levedura e uma temperatura superior a 15°C provoca uma atividade demasiado lenta da levedura.

4. A exclusão do ar, que proporciona baixas concentrações de oxigénio.

4-Fermentação do ácido cítrico:

O ácido cítrico é o ácido orgânico mais vital produzido em tonelagem e é amplamente utilizado nas indústrias alimentar e farmacêutica. É produzido principalmente por fermentação submersa utilizando *Aspergillus niger* ou *Candida* sp. a partir de várias fontes de hidratos de carbono, tais como melaço e meios à base de amido. No entanto, outras técnicas de fermentação, por exemplo, fermentação em estado sólido e fermentação em superfície, e fontes alternativas de carbono, como resíduos agroindustriais, têm sido intensamente estudadas, indicando um ponto de vista extraordinário para a sua produção.

O ácido cítrico (C6H8O7, ácido 2 - hidroxi - 1,2,3 - propano tricarboxílico), um constituinte caraterístico e metabolito normal de plantas e animais, é o ácido orgânico mais flexível e amplamente utilizado no domínio alimentar (60%) e farmacêutico (10%).

Aplicações do ácido cítrico:

O ácido cítrico é basicamente utilizado na indústria alimentar devido ao seu agradável sabor ácido e à sua elevada capacidade de dissolução em água. É reconhecido mundialmente como "GRAS" (geralmente reconhecido como seguro), aprovado pelo Comité Misto FAO/OMS de Peritos em Aditivos Alimentares. As indústrias farmacêutica e cosmética retêm 10% da sua utilização e o restante é utilizado para vários outros fins.

Microrganismos utilizados na produção de ácido cítrico:

Um grande número de microrganismos, incluindo bactérias, fungos e leveduras, tem sido utilizado para produzir ácido cítrico. No entanto, a maioria deles não está preparada para produzir rendimentos dignos de uma indústria. Esta realidade pode ser esclarecida pelo facto de o ácido cítrico ser um metabolito do metabolismo energético e de a sua acumulação aumentar em quantidades consideráveis apenas em condições de desequilíbrios drásticos.

Entre os microrganismos utilizados na produção de ácido cítrico, apenas o *Aspergillus niger* e algumas leveduras, como a *Saccharomycopsis* sp., são empregues na produção comercial de ácido cítrico. No entanto, o fungo *Aspergillus continua* a ser o organismo de eleição para a produção comercial. As principais vantagens da utilização deste microrganismo são as seguintes (a) a facilidade de manuseamento, b)) a sua capacidade de fermentar uma variedade de matérias-primas baratas, e c) rendimentos elevados.

Entre os lactococos, apenas *o Lc. lactis* subsp. *lactis* biovar diacetylactis tem a capacidade de metabolizar o citrato presente no leite. Os produtos metabólicos finais do metabolismo do citrato são o diacetilo, a acetoína, o 2,3-butanodiol, o ácido acético e o dióxido de carbono, que contribuem para o desenvolvimento do sabor nos produtos lácteos fermentados.

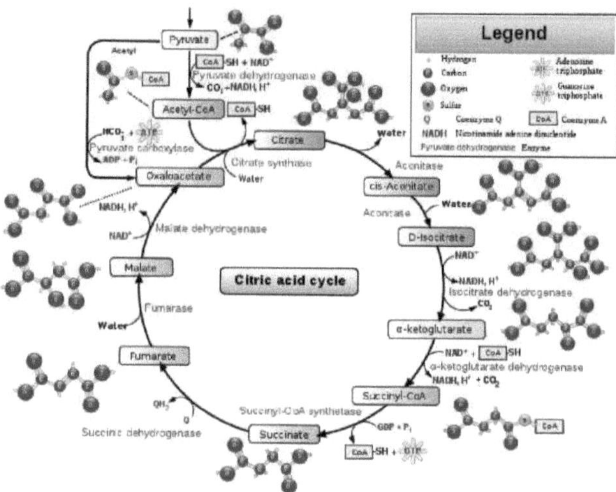

Fig. (15). Ciclo do ácido cítrico

Produção de bacteriocinas:

Certas estirpes da espécie *Lactococcus lactis* produzem uma multiplicidade de compostos antagónicos diferentes, incluindo proteínas antimicrobianas ou bacteriocinas. Estes compostos ocorrem como produtos finais do processo de metabolismo. A capacidade de algumas estirpes produzirem bacteriocinas é significativa do ponto de vista científico tecnológico. As bacteriocinas são proteínas ou complexos proteicos que contêm propriedades bactericidas. As bacteriocinas lactocócicas são pequenas proteínas termoestáveis que destroem bactérias estreitamente relacionadas. A exceção é a molécula nisina, cuja atividade é dirigida a uma vasta gama de bactérias gram-positivas, incluindo a Listeria monocytogenes.

A nisina, que é produzida por algumas estirpes de Lc. lactis subsp. lactis, é a bacteriocina mais conhecida e está agora bem estabelecido que a produção de nisina e a imunidade são codificadas por um bloco de genes cromossómicos transmissíveis (von Wright e Sibakov, 1998). É constituída por 34 aminoácidos, tem uma massa molecular de 3354, pertence ao grupo dos lantibióticos e tem uma utilização prática na conservação de alimentos. É utilizado com sucesso na produção de queijos, queijos fundidos, sobremesas lácteas, bebidas fermentadas e vegetais enlatados. Em 1988, a Food and Drug Administration (FDA) dos EUA aceitou-o como conservante para a prevenção do inchaço clostridial retardado em queijos.

Para além de *Lc. lactis* subsp. *lactis*, certas estirpes de *Lc. lactis subsp. cremoris* e *Lc. lactis* subsp. *lactis* biovar *diacetylactis* possuem a capacidade de produzir diferentes bacteriocinas com uma gama de inibição. No entanto, o seu possível valor no controlo do crescimento de microrganismos que causam a deterioração e de microrganismos patogénicos continua por investigar.

CAPÍTULO 5

FACTORES QUE AFECTAM AS CARACTERÍSTICAS DE FERMENTAÇÃO DAS CULTURAS DE ARRANQUE

O processo de fermentação de bactérias lácticas (LAB) pode ser afetado por muitos factores, por exemplo, temperatura, pH, capacidade da estirpe, meio de crescimento, inibidores, bacteriófagos, período de incubação, tratamento térmico do leite, etc.

Existe a necessidade de se jogar pelo seguro para se conseguir uma atividade óptima das bactérias lácticas durante a produção de leites fermentados. Os factores importantes que influenciam o crescimento e a atividade das culturas lácticas de arranque incluem os seguintes:

1-Temperatura:

A temperatura é um dos elementos essenciais que afectam especificamente o desenvolvimento dos microrganismos. Embora diferentes tipos de BAL tenham diferentes temperaturas óptimas de crescimento, a maioria dos fermentos lácticos crescem otimamente a 27-32 C., incluindo: *L.lactis subsp.lactis, L.lactis subsp. cremoris...*etc. Por outro lado, *S.thermophilus* e alguns *lactobacilos crescem* melhor a 37-42 C. E Leuconostocs crescem melhor a 20-30 C. A variação na temperatura afecta a dominância da estirpe em fermentos mistos e múltiplos.

2-pH:

O controlo do pH do leite durante a propagação da cultura inicial é importante porque a acidez extrema pode ser prejudicial para a viabilidade das BAL. Apesar do facto de se pensar que o leite é o alimento ideal para o homem e para as bactérias, continua a necessitar de algum enriquecimento para ser utilizado como meio de arranque em massa. Os fermentos lácticos produzem ácido lático a um nível superior a 10% do seu peso por minuto após o seu desenvolvimento no leite e, por conseguinte, o pH do leite é reduzido. O pH extremamente ácido pode ser prejudicial para a viabilidade das BAL. Por isso, o controlo do pH do leite durante a propagação dos fermentos é muito importante. Este facto é geralmente ignorado durante a produção comercial de fermentos lácteos a granel. meios com pH controlado externa e internamente utilizados para a preparação de fermentos lácteos a granel. o pH pode ser controlado através de

1-A preparação dos concentrados congelados é efectuada em neutralização contínua.

2- Técnica de cultura por difusão para a remoção de produtos finais tóxicos do metabolismo da S.C.

3-Manipulação genética destes organismos através da introdução de um promotor sensível ao pH para a regulação de genes estruturais envolvidos na produção de ácido.

3-Compatibilidade de tensão

Os fermentos mistos têm sido utilizados para a preparação de vários produtos lácteos fermentados. Em todo o caso, a manutenção de fermentos mistos nas fábricas de processamento de queijo é muito pouco aperfeiçoada, em parte porque a subcultura repetida de estirpes mistas de lactococos pode provocar a diminuição do número ou a perda de todas as estirpes, exceto uma, que a longo prazo permanece uma única estirpe na preparação do fermento misto. Os factores que levam à dominância de estirpes incluem: diferenças nos tempos de geração, sensibilidade aos ácidos, produção de antibióticos ou bacteriocinas pelas estirpes componentes e diferenças na temperatura óptima. Para além disso, a resistência aos antibióticos de algumas estirpes nas culturas minerais, que não serão influenciadas pela presença de substâncias inibidoras no leite e nas culturas de fermentação do leite, também desempenha um papel muito importante na obtenção das alterações desejáveis no leite. Nas culturas mistas, se uma estirpe for infetada, as outras não o serão. A ação associativa entre estirpes individuais em culturas mistas desempenha um papel importante na obtenção de alterações desejáveis no leite.

4-Meio de cultura:

Os meios utilizados para o cultivo de BAL são bastante complexos. Os meios MRS, M17 e Láctico ou Eliker são os meios complexos utilizados para o cultivo de BAL. O meio lático e o M-17 são excelentes meios de crescimento e são amplamente utilizados para o crescimento de lactococos. Foram descritos alguns meios de plaqueamento para a separação de vários tipos de lactococos, especificamente, *L. lactis* subsp. *lactis, L. lactis* subsp. *cremoris* e *L. lactis* subsp. *Diacetilactis.*

As BAL também se desenvolvem muito bem no leite e, em determinadas épocas do ano, é necessário mais inóculo para a fermentação do leite. O leite de lactação tardia e o leite produzido no inverno é normalmente deficiente em certos factores que promovem o crescimento das BAL, pelo que alguns factores estimulantes devem ser adicionados a este leite.

5-Inibidores

O crescimento e a atividade dos fermentos lácteos no leite são desfavoravelmente influenciados pela presença de antibióticos e desinfectantes residuais no leite e, adicionalmente, pela produção de substâncias semelhantes a antibióticos (bacteriocinas) por certas estirpes selvagens de *Lactococcus lactis subsp. lactis* e outras culturas lácticas no leite cru. Os antibióticos, por exemplo, a penicilina ou a estreptomicina, podem entrar no leite devido à sua utilização imprevisível no tratamento de mastites ou doenças do úbere. Por conseguinte, o leite deve ser totalmente controlado quanto à presença de antibióticos residuais antes da adição de culturas iniciadoras. Os métodos baseados em reacções imunológicas, bem como os procedimentos de diluição de marcadores isotópicos (teste Charm) são muito eficazes.

6-Bacteriófago:

Os bacteriófagos ou "fagos" são vírus que infectam bactérias. Pensa-se atualmente que representam as entidades biológicas mais abundantes. Estes vírus bacterianos estão presentes em ecossistemas onde se encontram bactérias, incluindo nichos ecológicos criados pelo homem, como as cubas de fermentação de alimentos. Estes bacteriófagos causam uma produção lenta de ácido pelas BAL. No entanto, apesar dos esforços extensivos, a infeção por fagos das culturas iniciais de BAL continua a ser a causa mais comum de fermentação lenta ou incompleta na indústria dos lacticínios.

A infeção por fagos representa o fator biológico mais significativo que influencia as indústrias que dependem do crescimento bacteriano e das actividades metabólicas. Dependendo da fase do processo em que a infeção ocorre, as consequências podem variar desde a produção lenta de ácido até à perda total de lotes. Valores elevados de pH, elevada concentração de lactose residual e teor insuficiente de ácido lático são o resultado de ataques de fagos que ocorrem durante as fases iniciais da fermentação.

A solução promissora consiste em substituir as estirpes sensíveis aos fagos por estirpes resistentes aos fagos. A utilização de estirpes únicas definidas e dos seus mutantes resistentes aos fagos é amplamente utilizada em algumas partes do mundo.

7-Período de incubação

O período de incubação é outro fator importante, que pode influenciar o crescimento das bactérias do ácido lático. Quanto mais elevada for a temperatura de incubação até certos limites, mais rápido será o desenvolvimento da S.C. Normalmente, 16-24 horas à temperatura óptima são adequadas para o crescimento máximo destes organismos.

O armazenamento de fermentos amadurecidos durante cerca de 18h a baixa temperatura não afecta a sua atividade, embora as culturas demasiado amadurecidas sejam afectadas pelo armazenamento prolongado.

8-Tratamento térmico do leite

O tratamento térmico do leite melhora normalmente o seu valor como meio para organismos iniciadores e outras bactérias lácticas. Diferentes espécies de BAL comportam-se de forma diferente no leite tratado termicamente. Um tratamento térmico adequado do leite resulta em muitas vantagens, como se segue:

1- Elimina o oxigénio dissolvido,
2- Provoca a formação de compostos sulfidrílicos (que actuam como factores de crescimento),
3- Destruição de substâncias inibidoras naturalmente presentes no leite e morte de bactérias antagonistas. No entanto, com um aquecimento mais severo, pode ocorrer uma ligeira quebra de proteínas com a formação de péptidos e aminoácidos, que actuam como nutrientes. Para além disso, diferentes espécies de bactérias lácticas parecem comportar-se de forma diferente em leites tratados com calor. Por exemplo, o crescimento de *S'. thermophilus parece ser favorecido*, enquanto *L. lactis* subsp. c *remoris é* desfavorecido pelo tratamento térmico drástico do leite.

9-Grau de arejamento

A bactéria do ácido lático (LAB) prefere um meio com uma tensão de oxigénio reduzida do que a da atmosfera, pelo que a produção de ácido é mais rápida no fundo do recipiente ou sob oxigénio controlado (tensão de oxigénio reduzida). Possivelmente, um nível reduzido de tensão de oxigénio é ideal para o início do crescimento, uma vez que gere energia para o crescimento através de um mecanismo algo mais eficaz do que a fermentação láctica, que liberta apenas uma pequena fração da energia disponível na lactose. No entanto, a agitação é claramente uma condição duvidosa e pode por vezes acelerar a acidificação. Inclui inequivocamente dois factores únicos, a saber, a oxigenação e o movimento do meio, que parecem ter efeitos opostos sobre os fermentos lácteos. Embora o arejamento excessivo possa ser a razão para um arranque lento, os seus efeitos podem ser neutralizados pelo aquecimento do leite ou pela adição de compostos sulfidrílicos.

10-Efeito do dióxido de carbono

Uma concentração mínima de dióxido de carbono é essencial para o início do crescimento bacteriano. A remoção completa do dióxido de carbono do meio resulta no prolongamento da fase lag até que as bactérias produzam lentamente dióxido de carbono suficiente para manter um crescimento normal. Para LAB, a concentração óptima de dióxido de carbono varia entre 0,2-2,3%. Uma pequena quantidade de CO_2 leite desnatado esterilizado pode levar ao prolongamento da fase lag de uma determinada cultura inicial. No entanto, a incorporação de extrato de levedura no leite a uma concentração de 0,5% pode eliminar este problema.

11-Condições de armazenamento:

O armazenamento das bactérias lácticas é outro fator imperativo que influencia o seu desempenho durante o fabrico de produtos lácteos fermentados. Recomenda-se que as culturas maduras não sejam armazenadas na presença do ácido que produziram durante o seu crescimento. O armazenamento nestas condições resultará em lesões celulares e as culturas tornar-se-ão lentas e já não poderão ser úteis para a preparação de produtos fermentados.

Por conseguinte, é importante transferir as culturas para leite fresco e para um frigorífico sem incubação; quando é necessária uma nova cultura, esta é retirada do frigorífico, incubada e transferida para meio fresco e novamente colocada no frigorífico.

As culturas maduras podem também ser armazenadas a 2-5 °C em leite com adição de carbonato de cálcio. As culturas podem também ser congeladas e armazenadas a -40 °C ou menos no estado liofilizado. Armazenamento congelado em azoto líquido (-196 °C) sob a forma de concentrados de arranque.

CAPÍTULO 6

PREPARAÇÃO DE CULTURAS INICIADORAS

A propagação e a preparação da cultura inicial é uma das operações mais importantes numa fábrica. Uma vez que a qualidade do fermento tem uma relação direta com a qualidade do produto fermentado, o fermento deve estar em bom estado. Para um melhor desempenho e manutenção, o leite deve ser limpo por aquecimento a 90°C durante 1 hora. Os produtos de decomposição do leite, utilizando o tratamento térmico, actuam como factores de crescimento bacteriano. Esta é provavelmente uma das razões pelas quais as bactérias do ácido lático se desenvolvem mais rapidamente no leite aquecido do que no leite não aquecido.

Após um tratamento térmico suficiente, o leite é arrefecido a 22-25°C e inoculado com um tamanho de inóculo adequado. Após a inoculação, a cultura é incubada a 22-25°C até ocorrer a coagulação, sendo depois armazenada num frigorífico. Além disso, uma pequena alíquota da cultura é inoculada num recipiente semelhante contendo leite esterilizado para armazenamento da cultura-mãe. A restante cultura é inoculada na lata ou recipiente de arranque que contém leite esterilizado.

A pureza da cultura-mãe é, no entanto, muito essencial. Os inóculos são geralmente adicionados à taxa de 1 por cento a partir de uma cultura com aproximadamente 0,8 por cento de acidez. A acidez não deve exceder 0,9 % de ácido lático. Em caso de mau desempenho, incluindo atividade lenta, qualquer anomalia visível no comportamento, sabor, cor e aspeto do fermento, este deve ser imediatamente rejeitado e devem ser utilizados fermentos frescos.

A pureza e a atividade do fermento lácteo devem ser mantidas por todos os meios para se conseguir uma fermentação desejável e eficaz no fabrico de produtos lácteos de cultura. A cultura inicial deve conter o número máximo de organismos viáveis e deve ser muito ativa nas condições de produção da fábrica. Para a preparação de produtos lácteos fermentados como queijo, dahi, iogurte, etc., os fermentos lácteos são frequentemente mantidos em leite, aquecidos a 90°C durante 1 hora e os fermentos lácteos a granel podem ser cultivados em leite mantido a 90oC durante 30 minutos. Este tratamento térmico é adequado para matar os fagos e todas as outras células bacterianas vegetativas.

Princípios para manter a cultura de alcatrão ativa :

1- Reduzindo a atividade metabólica do S.C. através da refrigeração
2- Separando os organismos dos seus resíduos através da concentração e da conservação.

O sucesso na preparação das culturas depende de vários factores:

1- A escolha do leite:

Alguns tipos específicos de leite não são adequados para o crescimento de fermentos devido à alteração da composição química do leite em resultado de doenças, por exemplo, mastite. Este tipo de leite pode ter uma elevada contagem de bactérias e pode contaminar o fermento e produzir sabores estranhos, pelo que não deve ser utilizado para a preparação do fermento. O leite escolhido deve ser de uma vaca saudável que esteja a segregar leite normal e limpo, isento de substâncias inibidoras. Também não deve ser utilizado leite com elevada atividade lipolítica e leite com baixo teor de sólidos totais.

2- Tratamento térmico do leite:

É necessário um mínimo de 30 minutos a 71,1 C. Por vezes, recomenda-se a utilização de leite esterilizado, mas este tem algumas desvantagens:
   1- um aquecimento mais drástico pode inibir a cultura
   2-A cultura formada é macia e desleixada.

Cozedura a vapor ou fervura do leite durante 30-60 min. Após o tratamento térmico, o leite deve ser imediatamente arrefecido à temperatura de inoculação para minimizar as alterações físico-químicas do leite.

3- Recipientes/Utensílios:

Os utensílios e copos de aço inoxidável esmaltados com alumínio são os melhores para a propagação inicial e, entre eles, os recipientes de aço inoxidável são os melhores, embora caros. A melhor forma de um recipiente de arranque é um frasco ou um recipiente cilíndrico com, pelo menos, o dobro da altura do seu diâmetro e com uma superfície lisa, sem fendas, para facilitar a sua limpeza. Após a limpeza, os utensílios devem ser esterilizados por cozedura a vapor durante, pelo menos, 30 minutos a 100 °C.

4- Quantidade de inóculo:

A quantidade de inóculo pode afetar o desempenho de um fermento, o que depende do tempo e da temperatura. A quantidade de inóculo pode afetar o desempenho de um fermento, o que depende do tempo e da temperatura, das características individuais da cultura e do estado da cultura no momento da inoculação. O tamanho ideal do inóculo para a preparação da massa é de 0,5-2,0%. Em culturas mistas, algumas culturas podem ser inoculadas a níveis mais elevados do que outras, se se pretender manter as características desejáveis.

5- Transferência asséptica de culturas:

Devem ser mantidas condições assépticas rigorosas durante a transferência de S.C. para evitar a contaminação aérea. Deve existir uma câmara de inoculação separada, equipada com uma lâmpada UV e dispositivos para a pulverização de detergentes e desinfectantes adequados. É necessário esterilizar as agulhas de inoculação, as pipetas, as colheres e outros equipamentos.

6- Tempo de inoculação:

Após a inoculação, a maioria das culturas deve ser incubada a 21,1-30 C, e o tempo de incubação depende do tamanho do inóculo e das características individuais da cultura. Normalmente, o tempo de inoculação é de 14-16 horas, o que é ideal quando o tamanho do inóculo é de 1,0%. A manutenção de uma temperatura adequada é importante, especialmente durante o verão.

7-Refrigeração:

Depois de atingir o crescimento desejável da S.C., esta deve ser imediatamente arrefecida para parar o seu desenvolvimento, de modo a que esteja em boas condições para ser reutilizada. A refrigeração proporciona o efeito de arrefecimento adequado, na maioria dos casos, as culturas-mãe são armazenadas no frigorífico até à sua utilização posterior.

Preparação da cultura-mãe:

A preparação da cultura-mãe é um passo muito importante na produção de fermentos a granel. As culturas-mãe são mantidas em frascos de polietileno de gargalo estreito, que são lavados com detergente, esterilizados a vapor e enchidos com uma solução de hipoclorito a 0,1%; os selos e as tampas também são autoclavados e mantidos na solução de hipoclorito. Este processo tem a vantagem de a contaminação do fermento em qualquer fase não implicar a contaminação na fase seguinte. As etapas de preparação são as seguintes:

1-Os frascos esterilizados cheios com ¾ do leite são aquecidos a 90 C durante 1 hora, arrefecidos a 22-25 C e fechados com a tampa invertida.
2-Este leite é então inoculado assepticamente com um fermento de pureza garantida proveniente de uma fonte fiável.
3-Após a inoculação, a cultura é incubada a 22-25C até à coagulação

e, posteriormente, armazenado no frigorífico.
4-No momento apropriado, uma pequena alíquota da cultura é reinoculada num recipiente semelhante contendo leite esterilizado para armazenamento da cultura-mãe. A cultura restante é inoculada na lata ou recipiente de arranque que está cheio de leite.
5- O inóculo deve ser adicionado ao nível de 1,0% a partir de uma cultura com 0,8% de acidez

Preparação de culturas de trabalho:

As culturas de trabalho são o mesmo que pequenas culturas-mãe em frascos. Para evitar a produção de um grande número destas culturas de trabalho para uma série, podem ser utilizados alguns frascos grandes como culturas de trabalho para inocular toda a série.

Preparação de fermentos a granel:

1-Os recipientes utilizados são esterilizados a vapor e enchidos com leite cru a granel.
6- O leite no recipiente é esterilizado a vapor a 72-73 C durante 45 min. e arrefecido até à temperatura de incubação.
7- Em seguida, inoculou-se da mesma forma que a cultura-mãe e agitou-se de modo a misturar o fermento no leite, rodando o recipiente.
8- incubadas em condições seleccionadas.

Produção contínua de fermentos:

Esta técnica é mais económica e conveniente. Atualmente, muitas fábricas de queijo podem utilizar até 100.000 galões de leite para a produção de queijo num dia, o que requer quase 500-1000 galões de fermentos por dia. Estes fermentos a granel requerem muitos equipamentos e custos de manutenção para limpeza e esterilização, que são dispendiosos.

Uma desvantagem grave é que, se a cultura for atacada por um fago, todo o volume e todos os equipamentos são contaminados, pelo que é importante controlar a pureza e a atividade.

Preparação da cultura principal:

Para a preparação de culturas-mãe, o leite de tornassol previamente esterilizado em frascos de vidro é colocado em tubos de polietileno. O método de inoculação é o mesmo que para a cultura-mãe, no entanto, o leite é esterilizado ou pasteurizado. Estas culturas podem ser mantidas indefinidamente com um controlo cuidadoso e testes após um intervalo de 3 meses.

CAPÍTULO 7

MANUTENÇÃO E CONSERVAÇÃO DAS ESTRUTURAS DE SUPORTE

A manutenção e a preservação de culturas microbianas é uma tarefa digna de nota. O princípio básico da preservação das culturas consiste em manter as características morfológicas e fisiológicas do organismo. Grandes colecções de culturas iniciais são utilizadas num laboratório por várias razões. Por isso, é essencial conservá-las corretamente para utilização posterior.

A proteção de culturas microbianas tem como objetivo manter uma estirpe microbiana viva, não contaminada e sem variedade ou transformação, uma vez que se trata de uma única separação. Muitos tipos de trabalho requerem microrganismos prontamente acessíveis. Os custos de os obter de outras fontes ou de tentar reisolá-los do seu habitat natural podem ser inaceitáveis. Por vezes é impossível obter novamente o mesmo isolado. Por vezes, as repetidas tentativas de reisolamento do mesmo organismo falharam.

Importância da manutenção e da conservação:

Um trabalho considerável tem sido dedicado à procura de métodos para manter as culturas num estado vigoroso e estável. A rotina produtiva no que respeita à microbiologia depende da utilização de culturas de microrganismos. São necessárias estirpes de referência autênticas para comparação com isolados de laboratório, para culturas de controlo em métodos de análise normalizados e para utilização na investigação e no ensino.

O grande aumento do número e da dimensão das fermentações industriais evidenciou a vantagem de manter colecções de microrganismos, particularmente de estirpes de produção, organismos de ensaio e espécies relacionadas. Os microrganismos industrialmente importantes são também mantidos para utilização em vários processos industriais. A preservação de culturas de reserva de bactérias para manter a viabilidade e as características bioquímicas ou de virulência é um requisito integral para a continuidade da investigação microbiológica. O acesso simples a culturas em crescimento efetivo é uma necessidade da maioria dos laboratórios microbiológicos. As culturas são necessárias, de forma rotineira, geralmente numa base diária para o controlo de qualidade, testes comparativos, inóculo para bioensaios e por várias outras razões.

Métodos de conservação de fermentos lácteos:

O objetivo dos métodos de preservação é manter a viabilidade e a estabilidade genética da cultura através da redução da taxa metabólica do organismo, prolongando assim o período entre subculturas. Foram utilizadas muitas técnicas de preservação para conservar microrganismos de culturas iniciais. As técnicas que foram desenvolvidas e utilizadas podem ser divididas em três categorias:
1- Crescimento contínuo
2-Desidratação
3- Armazenamento congelado

Os factores que aumentam o período de tempo entre subculturas incluem: manipulação das condições de crescimento através da limitação das fontes de carbono, azoto e energia, redução da temperatura ou prevenção da desidratação. Para além de
A desidratação pode ser utilizada para preservar os microrganismos: as técnicas incluem a secagem ao ar, a dessecação num dessecante ou sobre um dessecante, ou a secagem no vácuo a partir do estado líquido ou congelado. O armazenamento congelado é o armazenamento a uma temperatura em que o organismo é congelado para diminuir ou impedir completamente o metabolismo e as alterações físicas.

O sucesso da preservação depende da utilização do meio e do processo de cultivo adequados e da idade da cultura no momento da preservação.

O método de conservação é essencialmente de dois tipos:

i- Conservação a curto prazo: inclui principalmente a transferência em série de organismos para meios frescos, o armazenamento a baixa temperatura, a manutenção de esporos de formadores de esporos em solo seco e estéril, etc. Conservação a longo prazo.
iii- métodos de conservação a longo prazo: são atualmente muito utilizados e recorrem quer à liofilização quer à ultracongelação em azoto líquido (-196°C)

Sabe-se que não existe um método universal de preservação que seja bem sucedido para todos os microrganismos. Diferentes grupos de microrganismos reagem de forma diferente a diferentes métodos de conservação. Os métodos de conservação utilizados reflectem as propriedades biológicas distintas dos diferentes grupos de microrganismos, tais como bactérias, vírus, fungos e algas. A escolha do método de preservação depende da natureza do microrganismo, da disponibilidade de equipamento e de pessoal qualificado e do objetivo da preservação. Os métodos mais comummente utilizados são discutidos a seguir.

1- Transferência regular da cultura inicial:

As culturas de arranque microbianas podem ser mantidas através da preparação periódica de cultura fresca a partir de uma cultura de reserva anterior. A cultura assim conservada é mantida por ciclos alternados de crescimento ativo e períodos de armazenamento adquiridos por arranjo de subculturas. A frequência da transferência varia consoante o organismo. Muitos organismos permanecem viáveis durante várias semanas ou meses. Após o crescimento durante 24 horas a 37°C, os slants podem ser armazenados a baixa temperatura durante 20 a 30 dias. A frequência da cultura inicial pode ser diminuída se o seu desenvolvimento num meio contendo um mínimo de nutrição diminuir o metabolismo do organismo. São considerados vários factores ao manter uma cultura microbiana utilizando o método de subcultura. A temperatura escolhida deve permitir um crescimento lento dos microrganismos em vez de um crescimento rápido.

As culturas de queijo (S. lactis, S.cremoris, L. cremoris) podem ser propagadas até 50 vezes sem qualquer receio de mutação. E o meio esterilizado é inoculado a uma taxa de 1% e incubado a 22 ou 30 C durante 18 ou 6 horas, respetivamente. Enquanto que o iogurte S.C. é normalmente subcultivado apenas 15-20 vezes como proteção segura contra a mutação, e a incubação é levada a cabo a 42C durante 3-4 horas ou a 30C durante 16-18 horas.

A atividade da cultura inicial é afetada pela taxa de arrefecimento após a incubação, pelo nível de acidez no final do período de incubação e pela duração da armazenagem. A cultura-mãe de reserva pode ser mantida sob a forma líquida e a incubação do meio inoculado durante um curto período de tempo e armazenada sob refrigeração normal. A reativação só é necessária de 3 em 3 meses.

2- Armazenamento no frigorífico:

Os fermentos lácteos vivos num meio de cultura podem ser armazenados com sucesso em frigoríficos ou salas frias (a 4°C). A esta temperatura, as actividades metabólicas dos micróbios abrandam muito. Consequentemente, o metabolismo bacteriano será muito lento e apenas serão utilizadas quantidades reduzidas de nutrientes. As culturas devem ser preparadas utilizando uma técnica normalizada e a contaminação deve ser evitada e depois selada antes do armazenamento.

Neste método, os frascos são enchidos com I ml de meio de ágar e esterilizados. Em seguida, os microrganismos são introduzidos no ágar preparado. A cultura inicial é incubada durante uma noite e depois armazenada a 4°C. Este método não pode ser utilizado durante muito tempo porque se acumulam produtos tóxicos que podem destruir os micróbios.

3- Método da parafina:

O método da parafina é um método muito simples e mais económico de preservar culturas de fermentos lácteos durante mais tempo à temperatura ambiente. Neste método, as lâminas de ágar são inoculadas e incubadas

até ao aparecimento de um bom crescimento. Em seguida, são cobertos com óleo mineral estéril até uma profundidade de 1 cm acima da ponta da superfície inclinada. A camada de parafina impede a desidratação do meio e, ao assegurar uma condição aeróbica, o microrganismo permanece num estado dormente. As transferências são efectuadas retirando uma ansa cheia do crescimento, encostando-a à superfície do vidro para drenar o excesso de óleo, inoculando um meio novo e conservando em seguida a cultura inicial. O óleo mais comum utilizado é a parafina ou a vaselina, com uma camada de 1-2 cm de espessura. Este método abranda a atividade metabólica, reduzindo o crescimento através de uma tensão de oxigénio reduzida. As culturas também podem ser mantidas cobrindo as lâminas de ágar com uma camada de óleo mineral estéril cerca de meia polegada acima da superfície da lâmina. A viabilidade celular nesta técnica é elevada quando se preservam bactérias dos géneros *Azotobacter* , Mycobacterium e Bacillus.

4- Armazenamento no solo:

Muitos géneros de fungos, tais como *Fusarium, Penicillium, Alternaria, Rhizopus, Aspergillus*, etc., demonstraram ser frutíferos para o armazenamento em solo estéril. O armazenamento no solo envolve a inoculação de 1 ml de suspensão de esporos no solo (que foi autoclavado duas vezes) e a incubação à temperatura ambiente durante 5-10 dias. Este período de crescimento inicial permite que o fungo utilize o acesso e se torne gradualmente dormente. Os frascos são então armazenados no frigorífico. A pulverização de algumas partículas de solo num meio apropriado recupera a cultura.

5- Armazenamento em gel de sílica:

As bactérias e as leveduras podem ser armazenadas em pó de sílica gel a baixa temperatura durante um período de 1-2 anos. Neste método, o pó de sílica finamente pulverizado, esterilizado pelo calor e arrefecido, é misturado com uma suspensão espessa de células e armazenado a baixa temperatura. A regra essencial neste método é a secagem rápida a baixa temperatura, o que permite que a célula permaneça viável durante um longo período.

6- **Armazenamento por congelação:**

O congelamento é um procedimento típico para o armazenamento de bactérias. Assim, as suspensões bacterianas espessas podem ser congeladas a uma temperatura de - 30°C. Em geral, quanto mais fria for a temperatura de armazenamento, mais tempo a cultura permanecerá viável. As taxas metabólicas diminuem com a redução da temperatura e, no caso extremo de armazenamento em azoto líquido a -196°C, são consideradas reduzidas a zero. O congelamento e descongelamento é uma técnica bem conhecida por desorganizar efetivamente as células. Além disso, como a água é expelida durante a congelação sob a forma de gelo, os electrólitos tornam-se cada vez mais concentrados na água não congelada, o que também pode ser prejudicial, uma vez que as concentrações de electrólitos no exterior das células se tornam muito diferentes das do interior das mesmas, conduzindo a um stress osmótico.

As culturas podem ser mantidas eficazmente se forem congeladas na presença de um crioprotector, que reduz os danos causados pelos cristais de gelo. O glicerol ou o dimetilsulfóxido (DMSO) são normalmente utilizados como crioprotectores. A forma mais simples de preservar uma cultura é adicionar 15% (v/v) de glicerol à cultura e depois armazená-la a -20°C ou -80°C num congelador.

As culturas podem ser conservadas durante muitos anos em glicerol, a uma temperatura de -40°C num congelador. Nesta técnica, adicionam-se cerca de 2 ml de solução de glicerol à cultura em placa de ágar. A agitação pode emulsionar a cultura. A emulsão é então transferida para ampolas, tendo cada ampola 5 ml da cultura. Estas ampolas são colocadas numa mistura de álcool industrial metilado e dióxido de carbono e congeladas rapidamente a -70°C. As ampolas são então retiradas e colocadas diretamente numa câmara de congelação a -40°C para utilização das culturas de reserva. As ampolas são mantidas num banho de água a 45°C durante cerca de alguns segundos e depois utilizadas para culturas em placas.

A utilização da congelação em azoto líquido a -196°C é o melhor método e as vantagens incluem: Conveniência, fiabilidade da cultura, maior flexibilidade, melhor controlo dos fagos e possíveis melhorias da qualidade. No entanto, a armazenagem em azoto líquido tem muitas desvantagens, tais como o custo do aparelho e dos fornecimentos regulares de azoto líquido, o risco de explosão, a perda de um grande número de culturas se não for efectuada uma monitorização cuidadosa dos níveis de azoto líquido e a possível contaminação do azoto líquido no recipiente de armazenagem.

7- Armazenamento por métodos de secagem:

Algumas estirpes bacterianas podem ser preservadas por secagem a partir do estado líquido em vez do estado congelado. Foram desenvolvidos vários métodos de secagem de suspensões de bactérias para fins de preservação, que são úteis em laboratórios que não podem pagar o equipamento dispendioso utilizado para armazenar a temperaturas muito baixas ou para liofilizar, ou nos quais a preservação de culturas é efectuada com pouca frequência.

Alguns dos seguintes procedimentos de método de secagem são a preservação por técnica de secagem é um método alternativo para a retenção de culturas. O desenvolvimento de tais processos procura ultrapassar o trabalho envolvido na manutenção de culturas líquidas em stock. Facilita igualmente a expedição das culturas secas por via postal sem qualquer perda de atividade.

1- Secagem sob vácuo :

era a prática normal. O processo consiste em misturar uma cultura líquida com lactose e, em seguida, neutralizar o excesso de ácido com carbonato de cálcio. A mistura é parcialmente concentrada por separação do soro de leite, produzindo assim grânulos que são secos sob vácuo. Os fermentos lácteos secos contêm apenas 1-2% de bactérias viáveis e podem necessitar de várias subculturas antes de voltarem a ter uma atividade máxima.

ii-Secagem por pulverização:

A secagem por pulverização de bactérias permite uma maior escala de produção; os custos de energia são mais baixos e o processo é sustentável. Esta é também uma forma promissora de microencapsular bactérias em várias matrizes protectoras para garantir a sua maior resistência durante o armazenamento, processos tecnológicos e stress digestivo.

Podem ser alcançadas taxas de sobrevivência mais elevadas quando se utiliza a secagem por spay. Este sistema não foi utilizado comercialmente.

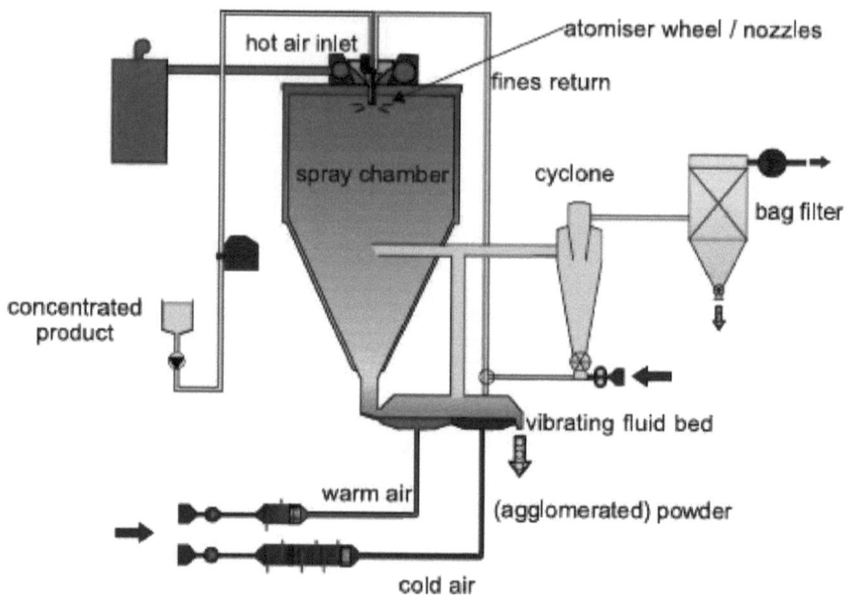

Fig. (16). Secador por pulverização

7- Liofilização:

Neste método, a suspensão microbiana é colocada em pequenos frascos. Congela-se uma película fina sobre a superfície interna do frasco, rodando-o numa mistura de gelo seco (dióxido de carbono sólido) e álcool ou acetona a uma temperatura de -78° C. Os frascos são imediatamente ligados a uma linha de alto vácuo. Isto seca o organismo enquanto ainda está congelado. Finalmente, as ampolas são seladas em vácuo com uma pequena chama.

A liofilização pode danificar a membrana celular bacteriana, mas os danos podem ser minimizados pela adição de determinados compostos. As culturas iniciadoras preservadas por liofilização são utilizadas principalmente como inoculantes para a propagação de culturas-mãe. São necessárias grandes quantidades para a inoculação direta dos fermentos a granel, e pode ser necessário um tempo de incubação prolongado.

A preservação de bactérias por liofilização requer a suspensão de bactérias num meio que mantenha a sua viabilidade através da congelação, remoção de água e subsequente armazenamento.

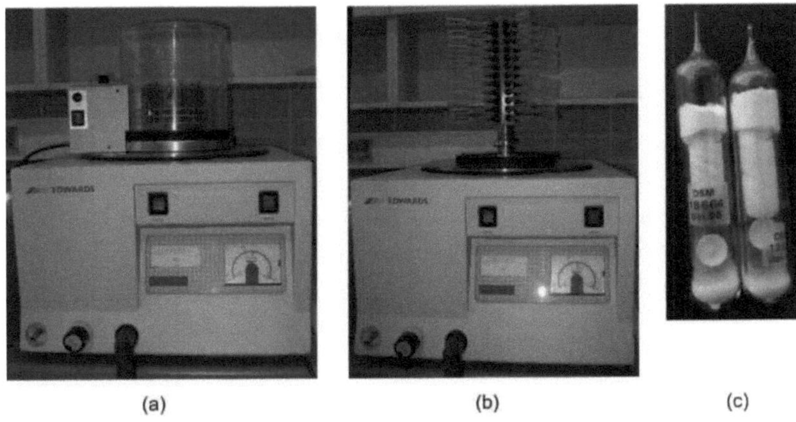

(a)   (b)   (c)

Fig. (17). Secador por congelação

Controlo de qualidade do fermento lácteo conservado:

Seja qual for a estratégia utilizada para a salvaguarda e manutenção de formas de vida mecanicamente imperativas, é fundamental verificar a natureza do stock de criaturas conservadas. Seja qual for o método utilizado para a preservação e manutenção de organismos de cultura inicial industrialmente importantes, é essencial verificar a qualidade das reservas de organismos preservados. Cada lote de culturas recentemente conservadas é verificado por rotina para garantir a sua qualidade. Uma única colónia é transferida para um frasco agitador para garantir o crescimento de um tipo específico de microrganismo; é utilizada uma subcultura adicional do frasco agitador para a preparação de uma quantidade gigantesca de frascos.

Para a avaliação da pureza, viabilidade e produtividade das culturas, são examinados alguns frascos. Se as amostras falharem em qualquer um destes testes, todo o lote é destruído. Assim, através da utilização de um sistema de controlo de qualidade deste tipo, as culturas de reserva são conservadas e utilizadas com confiança.

CAPÍTULO 8

FACTORES DE INIBIÇÃO DOS FERMENTOS LÁCTEOS

Existem muitos factores que podem causar uma inibição e/ou redução da atividade da S.C. e que podem levar à má qualidade dos produtos lácteos fermentados que chegam aos consumidores e a perdas financeiras para os fabricantes. Por isso, recomenda-se que o leite destinado à produção de fermentos a granel ou ao fabrico destes produtos lácteos esteja isento destes factores:

Componentes naturalmente presentes no leite:

Há vários sistemas antimicrobianos presentes no leite e o seu papel principal é a proteção do animal em aleitamento contra doenças ou infecções. A presença destes sistemas inibitórios pode inibir as bactérias do ácido lático. Os compostos inibidores, conhecidos como lacteninas, são sensíveis ao calor e podem ser destruídos pelo aquecimento do leite a 68-74°C.

Outro composto antibacteriano encontrado naturalmente no leite é o sistema lactoperoxidase, que consiste em Lactoperoxidae/tiocianato/peróxido de hidrogénio. A lactoperoxidase é uma glicoproteína básica que contém um grupo heme. É sintetizada nas glândulas mamárias e o leite pode conter uma quantidade suficiente para ativar o sistema da lactoperoxidase (LPS). O tiocianato está amplamente distribuído nas secreções animais e é possivelmente derivado de uma reação catalisada pela rodanase com tiossulfato no fígado e nos rins.

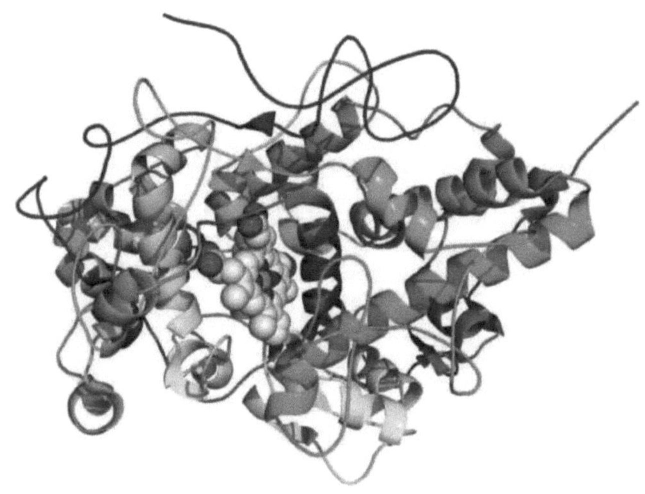

Fig. (18). Lactoperoxidase

O peróxido de hidrogénio (H_2O_2) não está presente naturalmente no leite, e a sua presença no leite é o resultado da atividade metabólica das bactérias do ácido lático, ou do crescimento anaeróbico de outros microorganismos.

Tabela 3. Compostos inibidores produzidos por bactérias do ácido lático e respectivos mecanismos de ação

Inhibitory compound	Mechanisms of action
Lactic acid and other volatile acids	Disruption of cellular metabolism
Hydrogen Peroxide	Inactivation of essential biomolecules by superoxide anion chain reaction, activation of lactoperoxidase system.
Carbon doxide	Anaerobic environment and/or inhihition of enzyme decarboxylation and/or disruption of the cell membrane.
Diacelyl Bacteriocins (secondary metabolites)	Interference with the arginine utilization. Little is known disruption of cytoplasmic membrane.

Fonte: Maloney (1990)

No sistema Lactopreoxidase (LPS), o composto inibidor é o resultado de uma reação de oxidação através da qual, na presença de peróxido de hidrogénio (H_2O_2), a lactoperoxidase (LP) catalisa a oxidação do tiocianato em compostos não inibidores (SO_4^{-2}, CO_2 e NH_3), seguida de oxidação adicional para formar substâncias inibidoras intermédias, como o hipotiocianato ou oxiácidos superiores. Geralmente, a maioria dos organismos de arranque são resistentes ao sistema de Lactopreoxidase (LPS), no entanto, algumas culturas de arranque lático podem produzir mutantes. Por outro lado, a propagação contínua de culturas de arranque em leite autoclavado pode afetar a suscetibilidade dos organismos ao sistema Lactopreoxidase (LPS).

Outros compostos inibitórios encontrados no leite incluem:

a. Aglutinina bacteriana que provoca a aglutinação dos organismos iniciadores, afectando assim a sua atividade metabólica e o seu crescimento.
b. 30% de oxigénio dissolvido no leite estimulou o crescimento de *Streptococcus*

thermophilus 15HA, mas diminuiu o crescimento de *Lactobacillus delbrueckii bulgaricus.*

c. Certos tipos de forragem, por exemplo, silagem bolorenta, nabos ou vetech reduzem o crescimento, estes produtos podem resultar num leite que contém compostos inibitórios que podem reduzir a produção de ácido das culturas de arranque do iogurte.

1. Antibióticos:

Resíduos de antibióticos no leite resultantes do tratamento da mastite na vaca leiteira . Mastite inflamação do úbere. Embora este termo inclua todas as condições inflamatórias do úbere, é aqui definido como uma infeção bacteriana do úbere. Os organismos causadores mais comuns da mastite são o *Streptococcus* agalactiae, o *Streptococcus dysgalactiae*, os estafilococos coagulase-negativos e o *Staphylococcus aureus.*

Os antibióticos habitualmente utilizados pertencem a seis grandes grupos Aminoglicosídeos, por exemplo, gentamicina, penicilinas e cefalosporinas (β-lactâmicos), por exemplo, cloxacilina, macrólidos, por exemplo, eritromicina, quinolonas e fluroquinolonas. Sulfonamidas, por exemplo, trimetoprim, tetraciclinas, por exemplo, tetraciclina

O nível e a duração da disseminação de antibióticos no leite dependem de vários factores, incluindo o antibiótico específico, a sua concentração e o método de preparação (solução aquosa, natureza do meio de suspensão). O método de preparação tem um impacto notável na manutenção e pode influenciar a fixação do antibiótico ao equipamento e às condutas.

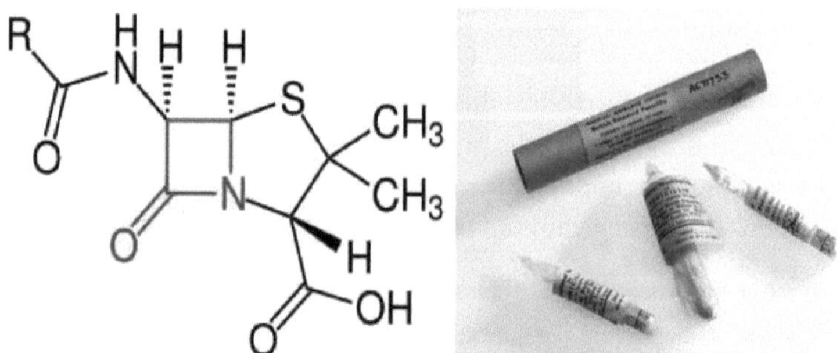

Fig. (19). Penicilina

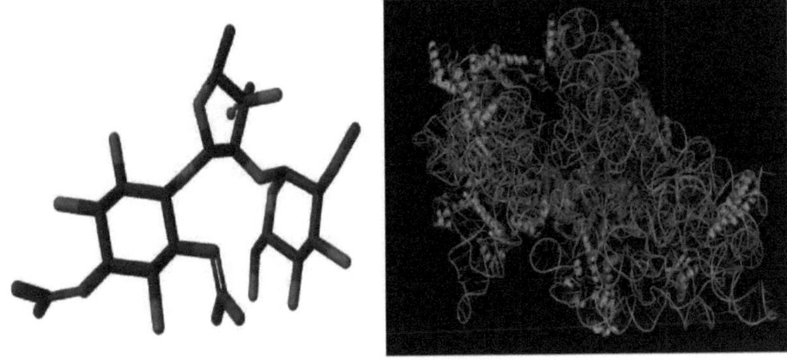

Fig. (20). Estreptomicina

A quantidade de antibiótico excretada no leite pode variar de 8 a 80% da dose. Por conseguinte, é difícil reconhecer a quantidade exacta de resíduos de antibiótico no leite em diferentes ordenhas após o tratamento. Geralmente, a concentração de antibiótico no leite diminui rapidamente com as ordenhas progressivas, normalmente a uma taxa exponencial.

As culturas de arranque são susceptíveis a concentrações muito baixas de antibióticos. Baixos níveis de penicilina no leite de arranque a granel tiveram um impacto mais pronunciado na produção de ácido quando a cultura cultivada nesse leite foi utilizada no fabrico de queijo, em comparação com a produção de ácido por um arrancador normal inoculado em leite de queijo contendo um elevado nível de penicilina. Por esta razão, é imperativo que o leite utilizado para a produção de fermentos seja isento de antibióticos. Esta é uma das muitas razões pelas quais muitas empresas utilizam fermentos lácteos comerciais congelados ou liofilizados para inoculação direta na cuba, em vez de fabricarem o seu próprio fermento a granel.

Os níveis inibitórios da estreptomicina, do cloranfenicol e da tetraciclina parecem bastante elevados, e esta resistência aparente pode ser atribuída à variação das estirpes de cultura e às variações nas preparações comerciais de antibióticos utilizadas.

2- Bacteriófago:

Bacteriófago, também designado por fago ou vírus bacteriano , qualquer um de um grupo de vírus que infectam bactérias. Os bactcriófagos também infectam os organismos procarióticos unicelulares conhecidos como archaea. Os fagos podem atacar e destruir organismos de cultura inicial, o que resulta na falha da produção de ácido lático. ·

Existem várias variedades de fagos, cada uma das quais pode infetar apenas um tipo ou alguns tipos de bactérias. Os estreptococos lácticos e os lactobacilos são os organismos mais vulneráveis da cultura inicial atacados por fagos. A morfologia destes fagos mostra uma cabeça e uma cauda constituídas por um núcleo de ácido nucleico (ADN e ARN). Este é protegido por uma camada proteica. Estes vírus bacterianos estão presentes em ecossistemas onde se encontram bactérias, incluindo nichos ecológicos criados pelo homem, como as cubas de fermentação de alimentos.

No entanto, apesar de todos os esforços, a infeção fágica das culturas de BAL de arranque continua a ser a razão mais conhecida da fermentação lenta ou incompleta na indústria dos lacticínios.

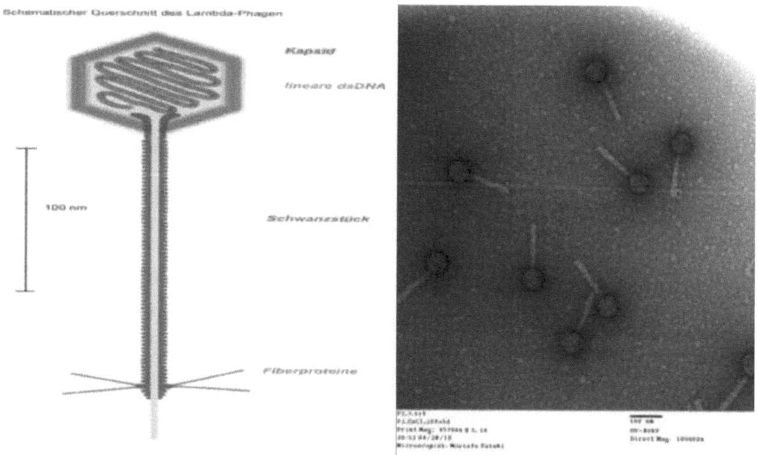

Fig. (21). Bacteriófago

Reconhece-se atualmente que a fonte mais permanente de novos fagos em ambientes leiteiros é através do leite cru, com uma concentração que varia entre 10 e 10^4 fagos por ml.

Com base na sensibilidade aos fagos, as culturas iniciadoras são classificadas em 3 grupos principais:

1- Insensível aos fagos

2- Portadores de fagos (ligeira redução da taxa de produção de ácido lático

3- Sensível aos fagos (as bactérias são completamente lisadas)

As interacções fago/hospedeiro dividem-se em 3 categorias 1- Fagos virulentos (que podem causar a lise das células ou uma lise parcial e os sobreviventes tornam-se resistentes).

2-Fagos temperados

3- Fagos portadores (o fago está presente nas células hospedeiras e pode ser removido pelo antissoro do fago)

Muitas medidas de precaução que podem ser seguidas para minimizar o efeito dos fagos: 1-Empregar uma técnica asséptica para a propagação de S.C.

2-Tratamento térmico do leite de arranque a granel

3-Utilização de estirpes resistentes a fagos na indústria leiteira

4- Filtragem eficaz do ar na sala de arranque

5- Higienização correcta dos equipamentos, por exemplo, por calor ou por produtos químicos

6- Localização da sala de arranque longe da sala de produção.

7- O pessoal da fábrica não deve ser autorizado a entrar na sala de tratamento de arranque.

8- Propagação de S.C. em meio inibidor de fagos.

9- Desenvolvimento de estirpes resistentes a fagos

10- Utilização de fermentos de estirpes mistas.

11-Enchimento do espaço aéreo da sala de arranque com solução de hipoclorito ou utilização de luz UV.

3-Resíduos de detergentes e desinfectantes:

Os detergentes e os desinfectantes constituem apenas uma parte dos contaminantes químicos do leite. Outros contaminantes químicos incluem antibióticos e sulfonamidas, pesticidas, herbicidas, fungicidas, dioxinas e micotoxinas. Os contaminantes químicos têm o potencial de causar danos toxicológicos aos consumidores.

Os depósitos de misturas de cloro no leite não são perigosos a este respeito devido à sua rápida desintegração, no entanto, diferentes desinfectantes, por exemplo, misturas de amónio quaternário, são bastante estáveis no leite. Os níveis destas misturas (0,00001% - 0,00005%) ainda mostram uma ação bacteriostática no leite. Alguns detergentes e desinfectantes, bem como antibióticos e sulfonamidas, podem causar um risco real no fabrico de queijo e produtos lácteos cultivados devido à diminuição da atividade do fermento.

Os resíduos destes compostos (detergentes alcalinos, iodóforos, compostos de amónio quaternário e anfólitos) podem afetar a atividade do fermento. A concentração mínima necessária para a inibição varia com os diferentes agentes antimicrobianos e entre as diferentes estirpes de bactérias iniciadoras. Os resíduos entram no leite (a) na exploração, (b) durante o transporte para a fábrica e (c) na fábrica devido à utilização descuidada de esterilizantes ou detergentes, drenagem incompleta ou lavagem inadequada do equipamento.

4. Produção de nisina:

A nisina é um péptido antimicrobiano produzido por certas espécies de *Lactococcus*. Se existirem condições favoráveis, desenvolver-se-á um elevado número de bactérias lactococos no leite cru. A nisina foi reconhecida como um conservante seguro e natural em mais de 50 países. A nisina é um antibiótico de largo espetro e, quando produzida, inibe algumas culturas de arranque. Este péptido reprime o crescimento vegetativo de uma série de bactérias gram-positivas. Uma vez que, especificamente, a nisina reprime os agentes patogénicos de origem alimentar *Listeria monocytogenes*, *Staphylococcus aureus* e *Bacillus cereus* enterotoxigénico psicrotrófico, a eficácia da nisina como conservante alimentar contra estes organismos em várias condições de conservação foi investigada em pormenor. Desde que haja um controlo suficiente da temperatura durante a produção, armazenamento e distribuição do leite, a produção de nisina não será um problema.

Não só é permitida a utilização de bactérias lácticas produtoras de nisina (LAB) como cultura de arranque de fermentação, mas também a opção imediata de adição direta de nisina a vários tipos de alimentos, tais como queijo, margarina, leite aromatizado, alimentos enlatados, etc. A melhoria de sistemas de produção de nisina bem sucedidos utilizando LAB é um novo campo de interesse.

5. Ácidos gordos livres:

Os ácidos gordos livres estão disponíveis em baixa concentração no leite acabado de extrair. A sua concentração pode aumentar devido à atividade da lipase do leite. *As Pseudomonas* spp., se forem deixadas a crescer no leite refrigerado, produzirão lipases e altas concentrações de ácidos gordos livres. No entanto, esse leite contém tipicamente uma contagem bacteriana total na ordem de 1×10^7 CFU/ml ou superior.

Os ácidos gordos são inibidores dos lactococos e, em particular, de *Lactococcus lactis* subsp. *cremoris*. No entanto, são necessários níveis relativamente elevados de ácidos gordos; foram necessários 0,1% de ácido butírico, decanónico, hexanóico e oleico para a inibição de *Lc. lactis* subsp. *cremoris*. Concentrações tão elevadas de ácidos gordos livres não ocorrem normalmente no leite moderno produzido de forma higiénica que tenha sido mantido a temperaturas de armazenamento correctas.

CAPÍTULO 9

FERMENTOS PARA LEVEDURAS

As leveduras são microrganismos eucarióticos, unicelulares, classificados como membros do reino dos fungos. As primeiras leveduras tiveram origem há centenas de milhões de anos e atualmente estão identificadas 1.500 espécies. As leveduras são organismos unicelulares que evoluíram a partir de antepassados multicelulares, tendo algumas espécies a capacidade de desenvolver características multicelulares através da formação de cadeias de células em brotamento ligadas, conhecidas como pseudo-hifas. Os tamanhos das leveduras mudam significativamente, dependendo da espécie e do ambiente, medindo normalmente 3-4 μm de diâmetro, embora algumas leveduras possam crescer até 40 μm de tamanho. A maioria das leveduras reproduz-se assexuadamente por mitose, e muitas fazem-no como tal pelo processo de divisão desequilibrada conhecido como brotamento.

Princípios de crescimento e fermentação de leveduras:

A levedura é um anaeróbio facultativo que pode sobreviver e crescer na presença ou ausência de oxigénio. O oxigénio determina o destino metabólico da célula. Em termos da célula de levedura, a sua sobrevivência, crescimento e metabolismo são óptimos na presença de oxigénio. Neste caso, a levedura crescerá rapidamente até atingir densidades elevadas e converterá a glucose em dióxido de carbono e água. Em condições anaeróbicas, a levedura desenvolve-se de forma consideravelmente mais gradual e para reduzir as densidades e a glucose não é totalmente transformada em etanol e dióxido de carbono.

A motivação por detrás de uma cultura inicial de levedura não é criar uma bebida fermentada agradável, mas sim libertar uma quantidade adequada de levedura para a fermentação resultante. As condições de propagação devem ter como objetivo final a obtenção de uma quantidade máxima de levedura que proporcione um desempenho de fermentação ideal depois de lançada. O que é que queremos dizer com desempenho da fermentação? O principal critério para o desempenho da fermentação baseia-se na taxa e extensão da fermentação, bem como na produção de uma cerveja com um perfil sensorial equilibrado, sem sabores/aromas ou ésteres impróprios.

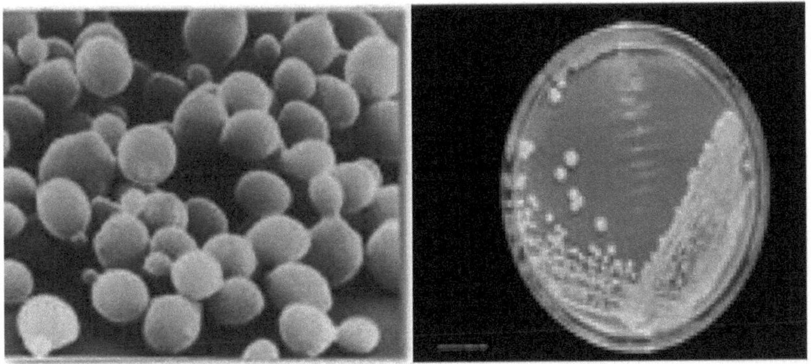

Fig. (22). Células de levedura

Fontes de estirpes de leveduras:

Um fornecimento fiável de levedura para fermentação é um pré-requisito para muitos produtos fermentados. O objetivo é garantir a utilização das estirpes de levedura correctas, nas melhores condições possíveis, com o menor risco possível de fracasso. Se forem fornecidas várias estirpes dentro de um grupo, é importante que as potenciais misturas sejam antecipadas e ativamente evitadas.

O fornecedor de cultura inicial de levedura deve ser capaz de demonstrar as origens das suas culturas de levedura, garantir a rastreabilidade e ter a certeza, enquanto empresa, de que as suas estirpes de levedura são adequadas ao objetivo.

Acima de tudo, as origens de todas as suas estirpes de levedura devem ser conhecidas e rastreáveis. Isto significa que deve ser possível fazer um rastreio da sua cultura de levedura atualmente utilizada, desde que foi isolada nos laboratórios ou adquirida a um estranho - quer tenha sido ontem ou décadas antes. Normalmente, é preferível selecionar a estirpe de levedura com base na posse de um certo número de características desejáveis e na ausência de características indesejáveis.

Tabela 3. Espécies de leveduras frequentemente encontradas em produtos lácteos.

Identification according to Kreger-van Rij (1984)	Some equivalent names in earliest Literature
Debaryomyces hansenii	*D.subglobosus:* *Torulaspora hansenii*
Candida famata	*Torulopsis candida: T. famata*
Kluyveromyces marxianus	*Kluy.bulgaricus:Saccharomyces lactis: S.fragilis*
Candida Kefyr	*C.Pseudotropicalis:Torulopsis Kefyr: Torula cremoris.*
Candida stellata	*Torulopsis stellata*
Saccharmyces (Yarrovia) Lipolytica	Candida lipolytica
Candida holmii	*Torulopsis holmii*
Saccharomyces exigubs	
Pichia membranaefaciens	*Candida krusei*
Pichia fermentans	*Candida krusei*
Rhodotorula glutinis	
Rhodotorula rubra	

Fonte: Kreger-van-Rij, (1984).

Identidade e pureza da estirpe de levedura:

É essencial que sejam definidas estratégias para garantir que o que foi planeado foi alcançado. Os testes genéticos de identidade e pureza podem ser efectuados utilizando a impressão digital de ADN baseada em PCR ou por cariotipagem. Os testes fenotípicos - por exemplo, testes de floculação, desempenho de fermentação e a presença de certas características, como a capacidade de crescer a diferentes temperaturas, a posse de certas enzimas ou a capacidade de crescer na presença de agentes antimicrobianos específicos - também são úteis. Devem também ser efectuados testes para detetar a presença de microrganismos contaminantes (leveduras e bactérias selvagens). Todos os testes laboratoriais têm de funcionar como previsto e todos os métodos devem ser validados a intervalos frequentes para garantir o seu desempenho.

Conservação de culturas iniciais de leveduras:

A técnica de conservação utilizada é básica. Os pormenores negligenciados são o principal problema. A conservação em azoto líquido é a técnica de decisão. Preservadas em palhinhas ou frascos criogénicos, as estirpes de levedura permanecerão inalteradas durante um período de tempo considerável e, muito provavelmente, centenas de anos sob tais condições. O mais importante é que o processo não tem efeitos negativos nas propriedades genéticas ou fisiológicas das células. Além disso, a viabilidade das células é mantida nestas condições.

Para o processo de preservação, é necessário dispor de hardware principal, de pessoal competente e de acesso a uma fonte fiável de azoto líquido, entre outros. A segurança do pessoal é primordial e têm de ser tomadas precauções para proteger qualquer pessoa que utilize nitrogénio líquido dos potenciais impactos sufocantes da falta de oxigénio e do gás nitrogénio. Na prática, é normalmente melhor ter dois tipos de culturas - culturas principais e culturas de trabalho. Com um espaço de armazenamento adequado, devem estar disponíveis culturas de trabalho suficientes para produzir toda a levedura necessária durante um longo período de tempo.

Fornecimento de cultura inicial de levedura:

As culturas oblíquas expedidas para as fábricas de cerveja funcionam a partir de um único local de produção inspeccionado e aprovado, com um acesso à instalação de produção móvel como caraterística do plano de gestão dos riscos.

Faz sentido que o seu objetivo seja tornar cada uma dessas leveduras indistinguíveis umas das outras. Isso tem de começar com a fase primária do engendramento. Atualmente, a maior parte das fábricas de cerveja lager propagam a sua levedura todas as semanas do ano, ou de duas em duas semanas. Normalmente, isso inclui a inoculação de cerca de 10 ml de mosto com crescimento de levedura de uma cultura inclinada. Essa levedura pode ser retirada do declive utilizando um loop de inoculação, ou lavando todas as células do declive e utilizando-as como inóculo. De qualquer forma, quando usada uma vez, uma cultura em declive de levedura deve ser descartada. As culturas em declive devem ser tratadas como "descartáveis". Utilizá-las várias vezes é convidar a inconsistências nas fases iniciais da propagação, que podem ser ampliadas à medida que a cultura entra na sua vida útil na fábrica de cerveja.

Uma alternativa para o fornecimento de leveduras em declive é a utilização de culturas de leveduras secas ultra-puras. Este formato é o preferido quando não é possível garantir o transporte e o armazenamento a frio, ou quando as instalações do laboratório não estão acessíveis na fábrica de cerveja. Estas culturas de levedura secas são fornecidas em unidades de 50 g. Cada uma é adequada para a inoculação de um único frasco de Carlsberg - o suficiente para iniciar uma propagação num propagador de levedura de cervejaria. Ao utilizar este formato de cultura, pode contornar a necessidade de etapas de propagação em laboratório. Embora isto possa poupar tempo, dinheiro e equipamento, talvez a maior vantagem desta abordagem seja a adaptabilidade que lhe dá no caso de uma propagação de levedura fracassada.

Em raras ocasiões, quando a propagação de leveduras na cervejaria não passa nos testes de qualidade (por exemplo, devido à contaminação com microrganismos estranhos), os atrasos na produção causados pelo facto de se ter de esperar que o laboratório propague uma nova cultura de levedura a partir do declive podem ser frustrantes e dispendiosos. No entanto, ao utilizar culturas de leveduras secas activas ultra-puras e, assim, contornar as fases laboratoriais da propagação, é possível reduzir em vários dias o tempo necessário para a propagação de leveduras.

Garantia de qualidade das culturas de leveduras:

Culturas testadas antes da expedição para garantir a pureza, o desempenho e a ausência de contaminação microbiológica - desempenho de todos os testes de todas as estratégias de teste. Todas as culturas de leveduras utilizadas numa fábrica de cerveja devem ser controladas para garantir a sua identidade, utilizando testes microbiológicos e/ou testes genéticos como a impressão digital do ADN. Devem ser efectuados controlos da pureza da cultura, para garantir que a cultura é pura e homogénea. A morfologia de colónias gigantes em ágar WLN funciona bem para este fim, apoiada por impressões digitais de ADN. Também é necessário efetuar controlos de contaminantes microbiológicos - tanto bactérias como leveduras selvagens. Além disso, como é habitual, os métodos utilizados para estes testes têm de ser aprovados para garantir o seu desempenho.

CAPÍTULO 10

APLICAÇÃO DE CULTURAS DE ARRANQUE NA INDÚSTRIA ALIMENTAR

Indústria alimentar:

A indústria alimentar é um coletivo complexo e global de diversas empresas que fornece a grande maioria dos alimentos consumidos pela população mundial. Apenas os agricultores de subsistência, aqueles que sobrevivem do que cultivam, e os caçadores-recolectores podem ser considerados fora do âmbito da atual indústria alimentar. É um desafio encontrar uma forma inclusiva de abranger todos os aspectos da produção e venda de alimentos.

A utilização de culturas de arranque microbianas não só permite a produção de alimentos de qualidade, mas também, em particular, um aumento da reprodutibilidade do seu processo de fabrico e, assim, também da segurança alimentar. Estas culturas incluem culturas definidas de uma única estirpe e de várias estirpes e culturas mistas de várias estirpes, bem como culturas mistas indefinidas de várias estirpes.

De um modo geral, a indústria alimentar inclui:

- Agricultura: criação de culturas e de gado, bem como de produtos do mar

- Fabrico: produtos agroquímicos, construção agrícola, máquinas e material agrícola, sementes, etc.

- Transformação de alimentos: preparação de produtos frescos para o mercado e fabrico de produtos alimentares preparados

- Marketing: promoção de produtos não específicos (por exemplo, placa de leite), novos produtos, publicidade, campanhas de marketing, embalagem, relações públicas, etc.

- Distribuição grossista e alimentar: logística, transporte, armazenamento

- Serviço alimentar (que inclui a restauração)

- Mercearias, mercados de agricultores, mercados públicos e outras actividades de venda a retalho

- Regulamentação: regras e regulamentos locais, regionais, nacionais e internacionais para a produção e venda de géneros alimentícios, incluindo a qualidade dos alimentos, a segurança alimentar, a segurança dos alimentos, o marketing e a

publicidade.
- Formação: académica, consultoria, profissional
- Investigação e desenvolvimento: tecnologia alimentar.
- Serviços financeiros: crédito, seguros

Os fermentos microbianos para a produção alimentar incluem bactérias vivas, fungos (leveduras e bolores). Estes microrganismos que realizam o processo de fermentação nos géneros alimentícios têm sido utilizados pelos seres humanos desde o período Neolítico (cerca de 10 000 anos a.C.)'. A fermentação ajuda a preservar os alimentos perecíveis e a melhorar as suas qualidades nutricionais e sensoriais. Mais de 260 espécies diferentes de culturas alimentares microbianas foram identificadas e descritas pela sua utilização benéfica em produtos alimentares fermentados a nível mundial, o que indica que estes microrganismos.

A produção industrial de culturas alimentares microbianas é realizada após um processo de seleção cuidadoso e em condições totalmente controladas. Em primeiro lugar, o laboratório de microbiologia, onde as estirpes originais são mantidas, prepara o material de inoculação, que é uma pequena quantidade de micróbios de uma única estirpe (pura). Nessa altura, o material de inoculação é duplicado e desenvolvido em fermentadores (líquido) ou numa superfície (sólido), em condições caracterizadas e monitorizadas. As células de cultura pura são colhidas, eventualmente misturadas com outras culturas e, finalmente, formuladas (preservadas) para posterior transporte e armazenamento. São vendidas em formato líquido, congelado ou liofilizado.

Um outro método convencional para iniciar uma fermentação alimentar é regularmente referido como fermentação espontânea. As culturas têm origem no leite cru, ou seja, no leite que não foi submetido a qualquer tratamento sanitário ou na reutilização de uma fração da produção anterior (back-slopping). A composição destas culturas é complexa e extremamente variável. A utilização de tais métodos está a diminuir constantemente nos países desenvolvidos. Alguns países proíbem mesmo a técnica de back-slopping devido ao "potencial para aumentar as cargas de agentes patogénicos para níveis muito perigosos".

A fermentação alimentar tem sido utilizada há muito tempo como uma técnica para salvaguardar produtos alimentares perecíveis. As matérias-primas tradicionalmente utilizadas para a fermentação são as mais variadas: frutos, cereais, néctares, vegetais, leite, carne e peixe. É possível adquirir uma vasta gama de produtos alimentares diferentes seleccionando diferentes matérias-primas, culturas de arranque e condições de fermentação.

Os alimentos fermentados tradicionais incluem produtos típicos preparados por fermentação espontânea. No entanto, a dependência da "natureza" da fermentação espontânea faz com que a qualidade destes produtos não seja previsível nem controlável. Por isso, para otimizar e controlar as características dos alimentos, a maioria das fermentações inoculadas são desenvolvidas utilizando culturas puras como inóculos de arranque. Por exemplo, a fermentação do vinho é normalmente inoculada com leveduras indígenas escolhidas como fermentos, e esta abordagem produz produtos homogéneos e de alta qualidade. A variedade abrange, mas não se limita a produtos como: vinagre, pão, molho de soja, vinho, cerveja, chucrute, kimchi, azeitonas curadas, produtos lácteos fermentados como o leitelho e o iogurte, uma variedade de queijos e enchidos.

As bactérias do ácido lático são largamente utilizadas na produção de alimentos fermentados e constituem a maior parte do volume e do valor das culturas de arranque comerciais. A atividade principal da cultura numa fermentação alimentar é transformar o açúcar em metabolitos desejados como o álcool, o ácido acético, o ácido lático ou o CO_2. O álcool e os ácidos orgânicos são grandes aditivos regulares, mas também apreciados por direito próprio no produto fermentado.

O CO_2 produzido por alguns fermentos lácteos contribui para o gás necessário para levedar a massa, formar olhos no queijo ou para fazer a espuma da cerveja e do leitelho. Na produção de vinho, uma fermentação secundária por bactérias do ácido lático é responsável pela redução da acidez através da transformação do ácido málico em ácido lático.

Os fermentos lácteos utilizados nas fermentações alimentares contribuem igualmente, através de reacções "secundárias", para a formação do sabor e da textura. Esta contribuição secundária pode regularmente ser responsável pelo contraste entre produtos de diferentes marcas, contribuindo assim essencialmente para o valor do produto. Os fabricantes de alimentos fermentados têm a decisão de obter o fermento lácteo numa estrutura pronta a usar, profundamente pensada, ou de fazer uma propagação da cultura na unidade de fabrico. O número de produtos diferentes produzidos, o grau de automatização, a presença de conhecimentos especializados em microbiologia e, finalmente, a economia. O nível mais elevado de segurança e adaptabilidade é conseguido através da utilização de uma cultura inicial comercial para inoculação direta. Estas culturas são fornecidas como culturas congeladas ou liofilizadas altamente concentradas e altamente activas. Todas as fases da produção de culturas iniciadoras são importantes para adquirir o carácter, a pureza e a qualidade desejados do produto da cultura. Os produtores de culturas estão a aplicar os princípios da análise de riscos e pontos de controlo críticos (HACCP) na produção, a fim de garantir procedimentos de produção estáveis e de alta qualidade (Associação Europeia de Culturas para a Alimentação Humana e Animal, http://www.effca.com).

A fim de criar a cultura perfeita para uma aplicação alimentar específica, é importante compreender a função que exigimos da cultura e dispor de dispositivos para melhorar a função da cultura. Ambos os aspectos progrediram significativamente através de avanços científicos durante os últimos anos. Até à data, a procura de uma cultura de arranque tem dependido do rastreio de inúmeros isolados em fermentações alimentares de pequena escala. A cultura inicial finalmente selecionada seria a que apresentasse um desempenho aceitável no processo e também uma avaliação organoléptica aceitável do produto alimentar. Foram isoladas excelentes culturas desta forma, e o método também será positivamente utilizado mais tarde para alargar o conjunto de microrganismos a utilizar como culturas de arranque.

Seleção de culturas de arranque:

A seleção de uma cultura inicial com excelente viabilidade e atividade metabólica é importante para o sucesso do processo de fermentação dos alimentos. A seleção de culturas de arranque está envolvida no isolamento inicial de microrganismos da natureza e, mais tarde, na purificação de estirpes de interesse devido à síntese de produtos metabólicos desejáveis. Na maioria dos programas de rastreio em grande escala, os taxonomistas escolhem culturas de arranque pouco comuns e invulgares, uma vez que a probabilidade de novas actividades interessantes é maximizada em ensaios específicos sensíveis que utilizam microrganismos raros e exigentes. A purificação de organismos invulgares é difícil e envolve uma técnica considerável na seleção de culturas. Do mesmo modo, as culturas puras de microrganismos são inerentemente variáveis em termos de atributos de desenvolvimento e actividades metabólicas. Embora a seleção natural e a seleção por mutação sejam geralmente bem sucedidas na melhoria dos títulos dos metabolitos acima referidos, a estabilidade da cultura, o crescimento e as características de esporulação representam frequentemente problemas críticos adicionais a resolver. Estas características são adicionalmente questões hereditárias inatas e devem ser resolvidas num programa de mudança de cultura. O fim ou a redução dos títulos de segmentos indesejáveis pode ser resolvido pela escolha da cultura ou por alterações nas condições físicas e sintéticas da fermentação.

Quadro 4. Exemplos de alimentos fermentados na Europa.

Raw material	Product	Microorganism
Milk	Sour milk products: Sour milk, sour cream, yogurt, kefir, kumis	LAB, yeasts Acetic acid bacteria
	Sour cream butter	LAB
	Cheese	LAB, yeasts, moulds, propionic acid bacteria
Meat	Fermented sausages	LAB, yeasts, moulds, staphylococcii Micrococci, Streptomyces
	Ham	LAB, yeasts, moulds, staphylococci
Fish	Fish sauce, fermented fish	Staphylococci, Vibrio costicola, LAB
Dough and pastes from cereals	Sourdough, yeast dough, Kisra	LAB , yeasts
Olives, cabbage, cucumbers, tomatoes	Fermented olives, sauerkraut, pickles	Lactic acid bacteria (LAB)
Malt, Koji, made from cereals	Beer, sake, spirits	LAB , yeasts, moulds
Beer, wines and spirits	Vinegar	Acetic acid bacteria
Grapes and other fruits	Wine	Yeasts, LAB
Soya, Carob	Soy sauce, tempeh, natto, Dawadawa	LAB, Bacillus spp., moulds, yeasts

CAPÍTULO 11

UTILIZAÇÃO DE FERMENTOS LÁCTEOS NO FABRICO DE QUEIJO

O queijo é um alimento derivado do leite que é produzido numa grande variedade de sabores, texturas e formas através da coagulação da proteína do leite, a caseína. É composto por proteínas e gordura do leite, normalmente o leite de vaca, búfala, cabra ou ovelha. Durante a produção, o leite é normalmente acidificado e a adição da enzima coalho provoca a coagulação. Os sólidos são separados e prensados até à forma final. Alguns queijos têm bolores na casca, na camada externa ou em toda a sua extensão. A maioria dos queijos liquefaz-se à temperatura de cozedura.

A conservação com bactérias do ácido lático (BAL) é um dos tipos mais antigos e profundamente produtivos de métodos de processamento não térmico. A produção de queijo depende da capacidade das BAL para fermentar açúcares, especialmente glucose e galactose, de modo a produzir ácido lático e substâncias aromáticas que conferem sabores e gostos comuns aos produtos fermentados. As BAL também libertam metabolitos antimicrobianos, denominados bacteriocinas, que são considerados conservantes seguros e naturais, com grande potencial para serem utilizados isoladamente ou em sinergia com outros métodos de conservação de alimentos.

Bactérias do ácido lático no fabrico de queijo:

A fermentação com bactérias do ácido lático (BAL) é uma técnica de conservação de alimentos modesta e bem sucedida que pode ser aplicada mesmo em locais mais rurais/remotos e que provoca alterações na textura, no sabor e no valor nutricional de muitos produtos alimentares. As BAL têm uma longa e segura história de aplicação e utilização, nomeadamente na transformação de queijo. Os queijos podem atingir um prazo de validade

até 5 anos (consoante a variedade) , sendo assim geralmente considerado seguro (GRAS).

O fabrico de queijo depende da utilização de BAL sob a forma de culturas de arranque definidas ou indefinidas, que se baseiam para causar uma rápida acidificação do leite através da produção de ácido lático, com a subsequente diminuição do pH, influenciando assim várias partes do processo de fabrico do queijo e, eventualmente, a sua composição e qualidade. As primeiras preparações de queijos dependiam da fermentação espontânea, que surgia devido ao melhoramento da microflora naturalmente presente no leite cru e no seu ambiente.

A qualidade do produto final era um reflexo da carga microbiana e da gama do material em bruto. A fermentação espontânea foi posteriormente melhorada através do backslopping, ou seja, a inoculação da matéria-prima com uma pequena quantidade de soro de uma fermentação anterior bem sucedida, e as características do produto resultante dependeram da dominância das estirpes mais bem adaptadas. Hoje em dia, o backslopping ainda é utilizado para produzir muitos queijos de leite cru, que são considerados uma fonte importante de diversidade genética de LAB, além de serem cruciais de um ponto de vista económico e mesmo ecológico. A cultura de arranque aplicada nesta fermentação natural é geralmente uma mistura de microflora ineficazmente conhecida que, apesar do facto de ter uma predominância de BAL, pode igualmente conter microrganismos não BAL, e a sua diversidade e carga microbiana é normalmente variável ao longo do tempo.

Estudos dirigidos à caraterização de queijos tradicionais demonstram que os produzidos com leite cru albergam uma variedade decente de BAL, dependendo da zona topográfica, mas que, após otimização, podem ter aplicações industriais. Por exemplo, uma vez que as estirpes selvagens precisam de resistir à competição de outros microrganismos para sobreviverem no seu habitat comum ameaçador, fornecem regularmente substâncias antimicrobianas como as bacteriocinas, que são proteínas antibacterianas naturais que podem ser incorporadas diretamente nos alimentos fermentados ou indiretamente como cultura de arranque. Além disso, os queijos tradicionais obtêm a sua intensidade de sabor também das bactérias lácticas não iniciadoras (NSLAB), que não fazem parte da flora iniciadora normal, mas que se desenvolvem no produto, particularmente durante a maturação, como uma flora secundária. O isolamento e o desenvolvimento de estirpes de tipo selvagem de produtos tradicionais, para serem utilizadas como culturas de arranque no processamento de queijo, é certamente um campo de investigação excecionalmente dinâmico na Ciência Alimentar atual.

LAB segurança alimentar e tecnologia do queijo:

O queijo é produzido em todo o mundo e existem mais de 2000 variedades, feitas a partir do leite de vários mamíferos, transformado industrialmente ou por métodos tradicionais. No entanto, apesar do grande número de variedades, os passos básicos necessários em qualquer transformação de queijo são basicamente os mesmos, e pequenas variações em qualquer um destes passos podem resultar em produtos de qualidade geral diferente. As principais etapas incluem:

1- Tratamento com leite:

No processamento de queijo em grande escala, o leite é tratado termicamente, por exemplo, 73 °C durante 15 segundos, para destruir os agentes patogénicos e reduzir o número de micróbios, enquanto que na maioria dos queijos tradicionais de leite cru não é aplicado o tratamento térmico. Além disso, o leite pode ser normalizado (aumentando ou diminuindo o teor de gordura, ou ajustando o rácio caseína-gordura).

2-Adição de uma cultura de arranque:

O tipo de preparação de fermento industrialmente acessível a ser utilizado será determinado pela fórmula do queijo. O processamento em grande escala depende da utilização de fermentos caracterizados e financeiramente acessíveis, enquanto que para os queijos tradicionais, uma fermentação natural (soro do lote anterior) é frequentemente utilizada.

3- Coagulação:

Durante a coagulação, ocorrem alterações no complexo proteico do leite sob estados caracterizados de temperatura e pela ação de um agente coagulante, que altera o aspeto físico do leite de fluido para uma massa gelatinosa. Estão disponíveis vários coagulantes, por exemplo, sumo de limão, coalho vegetal ou, mais frequentemente, uma enzima proteolítica como a quimosina (renina) ou - devido ao apelo da indústria do queijo - enzimas proteolíticas do bolor *Rhizomucor miehei* adquiridas por meio da biotecnologia.

Estas enzimas têm uma natureza ácida, o que significa que têm uma atividade ideal num ambiente marginalmente ácido. Por conseguinte, a atividade das BAL nesta fase é crucial, uma vez que são necessárias para libertar rapidamente ácido lático suficiente para baixar o pH do leite de 6,7 para perto de 6,2 (criando assim um ambiente adequado para a atividade óptima da renina) e, posteriormente, para pH 4,5 à medida que o processamento prossegue, criando uma situação desfavorável para muitas bactérias indesejáveis, aumentando assim a segurança do produto final.

4- Corte do coágulo:

O coágulo subsequente pode ser cortado com lâminas de encaixe em partículas de coalhada de um tamanho definido, por exemplo, 1-2 cm, ou pode ser movido para compartimentos ou moldes de queijo. O corte do coágulo é uma etapa muito importante no fabrico de algumas variedades de queijo, uma vez que determina a taxa de desenvolvimento da acidez e o corpo (firmeza) e textura do queijo.

5- Aquecimento ou cozedura da coalhada:

A coalhada é aquecida a 37-45 °C, consoante o tipo de queijo). A coalhada e o soro de leite influenciam a taxa de remoção do soro do queijo.

partículas de coalhada e o desenvolvimento dos microrganismos de arranque. Durante o aquecimento, a coalhada e o soro são frequentemente misturados para manter a coalhada sob a forma de partículas específicas.

6- Remoção do soro de leite:

Após aquecimento e agitação, e quando as partículas de coalhada estiverem firmes e o Após o desenvolvimento correto da acidez, o soro de leite é expulso, permitindo que as partículas de coalhada se emaranhem.

7- Moagem da coalhada:

Em queijos como o Cheddar, quando a coalhada atinge a textura desejada, é quebrada em pequenos pedaços para permitir uma salga uniforme. A moagem da coalhada pode ser efectuada manual ou mecanicamente. A salga é normalmente efectuada para realçar o sabor da coalhada e para aumentar a sua segurança e prazo de validade.

8- Maturação:

Finalmente, para a maioria dos queijos, a massa subsequente é moldada e submetida à maturação por períodos que podem variar de 15 dias a um, dois ou mais anos. A maturação é uma fase lenta, importante para a melhoria do aroma e do sabor, conseguida pela ação das numerosas enzimas libertadas pelo LAB. Durante a maturação, a proteína do queijo é decomposta da caseína em péptidos de baixo peso molecular e aminoácidos. A proteólise é o principal - e seguramente o mais complexo - dos eventos bioquímicos que ocorrem durante a maturação da maioria das variedades de queijo e as BAL desempenham um papel importante neste processo. Isto acontece enquanto os queijos são armazenados nos armários de cura e, em alguns casos, em grutas, normalmente com temperatura e humidade controladas.

Papel dos fungos no fabrico de queijo:

i-Yeasts:

As leveduras não afectam especificamente o queijo, no entanto, ajudam outras bactérias (secundárias) a florescer. Existem inúmeras variantes de levedura que são adicionadas a queijos tão diversos como o Brie e o Stilton, o Limburger e o Tallegio. O aspeto final do queijo depende da estirpe de levedura utilizada, sendo vital escolher a correcta para não acabar com um acabamento viscoso quando se pretende uma textura aveludada.

Um bom fornecedor de embalagens para fabrico de queijo terá a capacidade de ajudar na seleção. Na superfície do queijo, geralmente actuam fermentando a lactose do queijo, o que reduz a acidez da superfície. Por sua vez, a acidez mais baixa permite que as bactérias formadoras de casca ou os bolores desejáveis floresçam, ou seja, a levedura cria uma situação que é perfeita para as bactérias ou bolores desejados. Isto traz uma vantagem adicional, uma vez que o crescimento alargado de bolores desejáveis diminui a quantidade de bolores indesejáveis na superfície do nosso queijo. Além disso, as leveduras criam misturas perfumadas, pelo que o cheiro desejável (ou menos desejável) de alguns queijos deve-se, pelo menos em parte, à adição de levedura como cultura secundária.

A maioria das leveduras pode ser classificada em dois grupos. Um grupo caracterizava-se pela capacidade de fermentar a glicose, de utilizar o lactato e de aumentar os valores de pH e pelo facto de não apresentar atividade proteolítica. Este facto provocava odores alcoólicos, ácidos, frutados ou fermentados (*Clavispora lusitaniae*, *Pichia jadinii* e *Williopsis californica*). O segundo grupo é constituído por espécies não fermentadoras que utilizam o lactato, sem que o pH seja influenciado (*Galactomyces geotrichum*, *Trichosporon ovoides* e *Yarrowia lipolytica*). Estas leveduras são proteolíticas e produzem um aroma a queijo. *Debaryomyces hansenii* B apresentava características dos dois grupos.

Fig. (23) Maturação do queijo gorgonzola

Fig. (24). maturação do queijo <u>kaasmisdrijf</u>

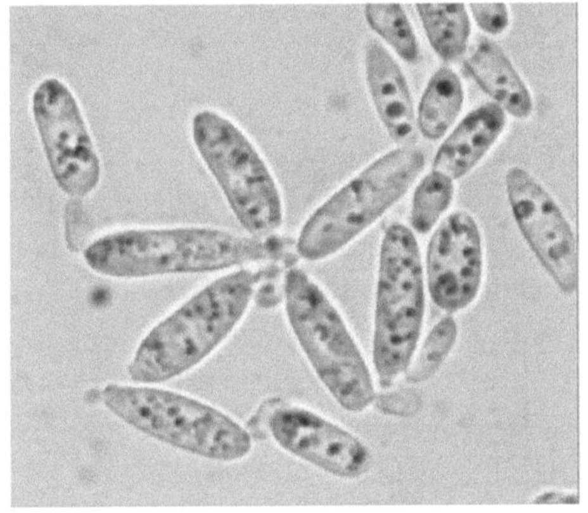

Fig. (25). Célula de levedura

ii- Papel dos moldes:

Apesar do facto de ver bolor nos alimentos ser uma indicação de que estes estão contaminados e devem ser eliminados, existem alguns alimentos em que a presença de micélio fúngico visível é particularmente uma parte do produto. Entre estes estão alguns dos queijos. Dois dos exemplos mais conhecidos são o Camembert e o Roquefort, também conhecido como queijo azul. Estes queijos estão entre os favoritos dos gourmets. Estes queijos são produzidos a partir de duas espécies de *Penicillium*, *P.*

camemberti, no queijo Camembert, e *P. roqueforti*, no queijo Roquefort.

Na realidade, quando se procura uma cultura secundária, deparar-se-á com *P. roquerforti* e *P. camemberti* como as duas principais variedades (P significa Penicillium) que produzem os característicos veios azuis e bolor branco, respetivamente. Nalguns aspectos, estas são as estirpes "características" e existem muitas variedades acessíveis, ajustadas à variedade específica de queijo que está a ser criada. São seleccionadas em função de propriedades como a duração do crescimento dos filamentos de bolor na superfície do queijo, os compostos aromáticos que estimulam, a cor dos veios azuis/verdes produzidos e assim por diante.

Tal como as leveduras, estas culturas convertem o ácido lático no interior e à superfície do queijo noutros compostos, o que reduz a sua acidez, e decompõem as proteínas (proteólise), o que aumenta a sua suavidade. Um ótimo exemplo do efeito da proteólise é frequentemente visto no Camembert. O queijo é macio e até escorrendo, enquanto que no centro é mais firme e de cor mais clara. Esta diferença deve-se ao facto de o bolor da superfície decompor a proteína perto de si, mas não conseguir chegar ao centro do queijo, deixando assim a proteína intacta.

Queijo Roquefort:

No fabrico do queijo Roquefort, *a P. roqueforti* é adicionada ao queijo fabricado com leite de ovelha. O queijo é salgado e são efectuadas aberturas em todo o queijo para arejamento, permanecendo em repouso durante vários dias. O queijo é então deixado a envelhecer durante dois a cinco meses. A variação do tempo de envelhecimento depende de quem o vai comer. Os americanos gostam que o queijo seja novo e suave, enquanto os franceses preferem que seja excecionalmente velho e com um sabor forte.

Todos os queijos Roquefort contêm bolores semelhantes, mas não são fabricados com um tipo de leite semelhante. Nos Estados Unidos e no Canadá, é utilizado leite de cabra ou de vaca, enquanto que no Roquefort é utilizado exclusivamente leite de ovelha. É por esta razão que é mais caro. De um modo geral, os processos são normalmente designados por "mofados". Isto mostra como podemos mudar o significado de um processo para soar mais positivo quando os fungos estão a realizar um processo que nos beneficia. Normalmente, quando vemos fungos a crescer nos nossos alimentos, dizemos que estão "estragados". Este último processo é, na verdade, o que está a ocorrer no queijo curado pelo bolor

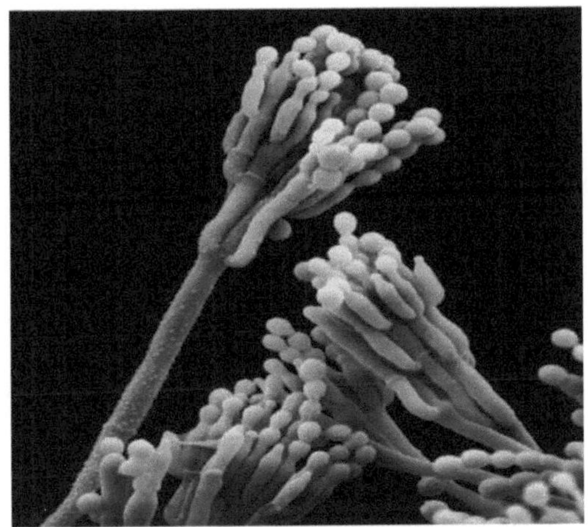

Fig. (26). Fungo *Penecillium roqueforti*

Fig. (27). Queijo Roquefort

Queijo Camembert:

O queijo Camembert tem um aspeto único. O fungo responsável pelo fabrico deste queijo é o *Penicillium camemberti*. O crescimento micelial desta espécie dá-se apenas na superfície do queijo e não se desenvolve no seu interior para formar veios, como acontece com o *P. roqueforti*.

Fig. (28). Queijo Camembert

Tal como acontece com o Roquefort, existem alguns tipos de queijos que são fabricados com a ajuda do *P. camemberti*. Cada um com uma fórmula um pouco diferente e um sabor particular. O Brie, fabricado em França, é um queijo muito semelhante.

Um queijo que requer um fungo e uma bactéria é o Limburger, um queijo muito forte, tanto no sabor como no odor. O seu nome deriva do seu local de origem, Limburgo, na Bélgica, e não é um queijo muito regular e de fácil acesso.
Atualmente, é fabricado no Norte da Europa e nos Estados Unidos. O queijo requer a ação de dois microrganismos, uma bactéria, *Brevibacterium linens*, responsável pelo forte odor, e uma levedura.

Melhoramento de novas culturas de arranque para a preparação de queijo:

Os queijos tradicionais de leite cru são muito apreciados pelos seus sabores, enquanto os produtos de grande escala são frequentemente considerados pelo cliente como ""cansativos"" - uma consequência da eliminação, pela pasteurização, da flora que tem um papel fundamental no desenvolvimento do sabor; e isto
coloca a indústria alimentar sob pressão para procurar culturas alternativas de BAL capazes de melhorar o sabor dos produtos.

Hoje em dia, a compreensão alargada da genómica e metabolómica dos micróbios alimentares abre novos pontos de vista para o melhoramento das culturas de arranque e, através da engenharia genética, é agora possível expressar as suas propriedades atractivas ou suprimir características indesejáveis.

Originalmente, as culturas de arranque para a indústria do queijo eram mantidas por propagação diária e, mais tarde, tornaram-se acessíveis como concentrados congelados e preparações secas ou liofilizadas, produzidas à escala industrial, algumas das quais permitem a inoculação direta na cuba.

Uma vez que as primeiras culturas de arranque eram misturas de alguns micróbios indefinidos, a propagação diária acabou por levar a mudanças no ecossistema, resultando no desaparecimento de certas estirpes. Como algumas características metabólicas importantes das BAL são codificadas por plasmídeos, havia o risco de se perderem durante a propagação.

Os lactococos são, em geral, utilizados como culturas de arranque na produção de queijos industriais e produtos lácteos cultivados. Nos queijos tradicionais, as culturas de arranque naturais podem albergar muitas espécies e estirpes diferentes. Por outro lado, os queijos fabricados de uma forma de processamento padrão (em grande escala) são considerados mais seguros devido à aplicação da pasteurização e ao cumprimento das práticas higiénicas padrão, incluindo o HACCP. Os queijos tradicionais têm os seus próprios métodos de processamento específicos, nomeadamente a utilização comum de leite cru, no entanto, os procedimentos higiénicos e as abordagens HACCP adaptadas às suas especificidades também devem ser aplicados.

CAPÍTULO 12

PRODUTOS LÁCTEOS FERMENTADOS

Introdução:

Os produtos lácteos que contêm bactérias probióticas são aqueles que são produzidos com vários métodos de fermentação, particularmente a fermentação de ácido lático, utilizando culturas de arranque e aqueles que têm texturas e cheiros diferentes. Os produtos lácteos fermentados são populares devido às suas diferenças de sabor e aos seus impactos fisiológicos favoráveis. Atualmente, as bebidas lácteas fermentadas em geral são produzidas localmente através da utilização de métodos tradicionais. Ultimamente, devido ao interesse crescente por nutrientes naturais e produtos probióticos, as bebidas lácteas fermentadas têm vindo a ocupar uma posição distinta e considera-se que afectam de forma importante a saúde e a nutrição humanas.

Uma tendência na produção de produtos lácteos fermentados é a utilização de culturas probióticas que têm alguma conotação com a promoção da boa saúde. Bactérias probióticas como *Lactobacillus acidophillus* e Bifidobacterium levaram à produção de um produto fermentado semelhante ao iogurte, que foi vendido como um alimento saudável. Os primeiros leites acidófilos não eram populares, porque eram pouco palatáveis devido ao seu baixo pH. O leite acidophillus doce, um leite pasteurizado com baixo teor de gordura inoculado com um concentrado congelado de *Lactobacillus acidophillus* , foi muito mais popular. Foi fabricado pela primeira vez em 1970. Está provado que o probiótico *Lactobacillus rhamnosus estirpe GG reduz* a incidência de diarreia associada a antibióticos. Os produtos lácteos fermentados são uma parte importante da dieta humana. São produzidos com diferentes tipos de fermentação.

Os probióticos são definidos como microrganismos vivos que, quando ingeridos em quantidades adequadas, têm um impacto vantajoso na força do hospedeiro, melhorando a composição da microflora intestinal. Além de melhorar a saúde intestinal, os probióticos podem desempenhar um papel benéfico em várias condições médicas, incluindo intolerância à lactose, cancro, alergias, doenças hepáticas, infecções por Helicobacter pylori, infecções do trato urinário, hiperlipidemia e absorção de colesterol. Vários tipos de produtos lácteos contêm bactérias probióticas. Os probióticos são conhecidos por serem benéficos para a saúde humana e podem ser ingeridos através de produtos lácteos fermentados, enriquecimento de vários alimentos com estes microrganismos e utilização de produtos farmacêuticos que são obtidos através da utilização de células viáveis. Os probióticos podem ser consumidos independentemente ou com alimentos, e podem ajudar no equilíbrio dietético e microbiano, regulando a imunidade sistémica e das mucosas e, independentemente, a saúde do consumidor.

Hoje em dia, devido à refrigeração e às práticas rurais pouco seguras, como a imersão dos alimentos em cloro, os alimentos contêm poucos ou nenhuns probióticos e a maioria dos alimentos actuais contém, de facto, antibióticos que matam as bactérias boas do nosso corpo. Ao adicionar mais alimentos probióticos na dieta, todos os seguintes benefícios para a saúde podem ser adquiridos:

1- Sistema imunitário mais forte

2- Melhoria da digestão

3- Aumento de energia devido à produção de vitamina B12

4- Melhor hálito porque os probióticos destroem a cândida

5- Pele mais saudável, uma vez que os probióticos melhoram o eczema e a

psoríase

6- Redução da constipação e da gripe

7- Cura do intestino partido e da doença inflamatória intestinal

8- Perda de peso

Portanto, para adquirir todos estes benefícios, as pessoas devem começar a consumir estes alimentos probióticos para uma melhor saúde. De facto, é necessário consumir uma variedade de tipos de probióticos, uma vez que cada um deles oferece um tipo diferente de bactérias benéficas para ajudar o corpo de várias formas.

Os leites fermentados são geralmente produzidos em muitos países. Este tipo de processo é um dos mais utilizados para prolongar o prazo de validade do leite e é praticado pelo ser humano há milhares de anos. A(s) origem(s) exacta(s) do fabrico de leites fermentados é difícil de determinar, mas é seguro aceitar que pode datar de há mais de 10 000 anos, quando o estilo de vida das pessoas mudou da recolha de alimentos para a produção de alimentos.

Seleção de bactérias probióticas para produtos lácteos:

O trato intestinal humano constitui um ecossistema complexo de microrganismos. A população bacteriana no intestino grosso é elevada e pode atingir contagens máximas de 1012 CFU g-1. No intestino delgado, o conteúdo bacteriano é impressionantemente mais baixo, com apenas 10 -10^{48} CFU g-1. No estômago, apenas 10-10^2 CFU g-1 são encontradas devido ao baixo pH do ambiente. Verifica-se que o microbiota do sistema digestivo humano muda durante o desenvolvimento humano. O intestino dos bebés é totalmente estéril, no entanto, imediatamente após o nascimento, começa a colonização de muitas espécies de bactérias. No primeiro e segundo dias após o nascimento, coliformes, enterococos, clostrídios e lactobacilos parecem estar disponíveis nas fezes dos bebés. Dentro de três a quatro dias, as bifidobactérias começam a colonização e tornam-se predominantes por volta do quinto dia. Ao mesmo tempo, as contagens de coliformes diminuem. Os bebés alimentados ao peito apresentam uma contagem logarítmica mais elevada de bifidobactérias nas fezes do que os bebés alimentados a biberão. As contagens de Enterobacteriaceae, estreptococos e outras bactérias putrefativas são mais elevadas nos bebés alimentados a biberão, o que recomenda que os bebés amamentados ao peito são mais resistentes a infecções gastrointestinais do que os bebés alimentados a biberão.

Para além das alterações da microbiota que ocorrem durante o envelhecimento humano, a microbiota do sistema gastrointestinal pode igualmente alterar-se devido à alimentação e às condições de saúde de uma pessoa. Por exemplo, a utilização de antibióticos pode prejudicar o equilíbrio do microbiota intestinal, diminuindo a contagem de bifidobactérias e lactobacilos e aumentando a de clostrídios.

O desequilíbrio daí resultante pode causar diarreia em pessoas idosas e imunocomprometidas. Para ajudar a melhorar o equilíbrio da microbiota intestinal, os microrganismos probióticos podem ser adicionados à dieta humana com o objetivo específico de estimular o desenvolvimento de microrganismos favoráveis, eliminar bactérias possivelmente nocivas e reforçar os mecanismos de defesa naturais do organismo. A seleção de microrganismos probióticos baseia-se em aspectos de segurança, funcionais e tecnológicos, tal como referido por (Saarela et al., 2000). Estes aspectos estão resumidos na Figura 2. Certas bactérias probióticas foram extensivamente estudadas e já estão no mercado, como mostra a Tabela 1. Antes de as estirpes probióticas poderem ser fornecidas aos consumidores, têm primeiro de poder ser fabricadas em condições industriais. Devem então sobreviver e manter a sua funcionalidade durante o armazenamento como culturas congeladas ou liofilizadas, bem como nos produtos alimentares em que são finalmente formuladas. Além disso, devem poder ser incorporadas nos alimentos sem produzir sabores ou texturas estranhos. Os requisitos dos alimentos funcionais devem ter em consideração os seguintes aspectos em relação aos probióticos: A preparação deve permanecer viável para a produção em larga escala; deve permanecer estável e viável durante o armazenamento e a utilização; deve ser capaz de sobreviver no ecossistema intestinal.

Efeitos benéficos dos probióticos:

Os probióticos são a chave não só para uma melhor saúde e um sistema imunitário mais forte, mas também para tratar problemas relacionados com o estômago, doenças mentais e distúrbios neurológicos. O trato digestivo dos seres humanos é fundamental para a saúde devido ao facto de 80% de todo o sistema imunitário estar localizado no trato digestivo, o que é uma grande percentagem. Para além do efeito dos probióticos no sistema imunitário, o sistema digestivo é a segunda maior parte do sistema neurológico e está localizado no intestino.

Os probióticos promovem um equilíbrio saudável das bactérias intestinais e têm sido associados a uma vasta gama de benefícios para a saúde. Cada vez mais estudos mostram que o equilíbrio ou desequilíbrio das bactérias no seu sistema digestivo está ligado à saúde e à doença em geral. Os principais benefícios para a saúde associados aos probióticos incluem:

1- Os probióticos são microorganismos vivos. Quando tomados em quantidades adequadas, podem ajudar a restabelecer o ajuste comum dos microorganismos intestinais. Posteriormente, os benefícios para a saúde podem ocorrer.

2- Os probióticos podem diminuir o risco e a gravidade da diarreia provocada por diversas causas

3-A investigação demonstra que a toma de probióticos pode ajudar a melhorar os indícios de perturbações psicológicas como a depressão, a ansiedade, o stress e a memória, entre outros.

4- Os probióticos podem ajudar a proteger o coração, diminuindo os níveis de colesterol LDL "mau" e baixando ligeiramente a pressão arterial.

5- Os probióticos podem diminuir o risco e a gravidade de alergias específicas, por exemplo, a inflamação da pele em bebés.

6- Os probióticos podem ajudar a diminuir os efeitos secundários de problemas intestinais como a colite ulcerosa, a SII e a enterocolite necrosante.

7- Os probióticos podem ajudar a apoiar o sistema imunitário e a proteger contra infecções.

8- Certos probióticos podem permitir a perda de peso e de gordura no estômago. No entanto, outras estirpes foram associadas ao aumento de peso.

Estirpes probióticas benéficas:

1- *Bifidobacterium bifidum* : O probiótico mais predominante em crianças recém-nascidas e no intestino grosso, apoia a produção de vitaminas no intestino, restringe as bactérias nocivas, apoia a resposta do sistema imunitário e combate a diarreia.

2-Bifidobacterium *longum*: Apoia a função hepática, diminui a inflamação, evacua o chumbo e os metais pesados.

3-Bifidobacterium *breve* : Coloniza a comunidade intestinal saudável e elimina as bactérias más.

4-Bifidobacterium *infantis*: Alivia as manifestações do SII, a diarreia e a obstipação.

5-Lactobacillus *casei*: Apoia a imunidade, trava a h. pylori e ajuda a combater as infecções.

6- *Lactobacillus acidophilus*: Alivia os gases, o inchaço, melhora a intolerância à lactose, reduz os níveis de colesterol e a formação de vitamina K. Além disso, é importante na força imunitária do GALT.

7- *Lactobacillus bulgaricus*: Uma estirpe probiótica potente que foi considerada como uma bactéria **insegura** que **ataca o** sistema digestivo e é suficientemente **estável** para suportar os sucos digestivos ácidos do estômago. Também neutraliza as toxinas e produz naturalmente os seus próprios antibióticos.

8- *Lactobacillus brevis*: demonstrou sobreviver ao trato gastrointestinal, **ajudar a** imunidade celular, reforçar as células T naturais e matar a bactéria h. pylori. também mata venenos e normalmente cria os seus próprios agentes anti-infecciosos específicos.

9- *Lactobacillus rhamnosus* : Apoia o equilíbrio bacteriano e a saúde da pele, ajuda a combater infecções do trato urinário, infecções respiratórias e reduz a ansiedade, diminuindo as hormonas da ansiedade e o neurotransmissor GABA
receptores. Da mesma forma, sobrevive ao trato gastrointestinal.

10-Bacillus *subtilis* : Um probiótico com endosporos que é resistente ao calor. Evoca uma resposta imunitária potente e apoia a supressão do crescimento de bactérias más como
salmonelas e outros agentes patogénicos.

11- *Bacillus coagulans* : Um probiótico endósporo resistente ao calor e que melhora a absorção de nutrientes. melhora a inflamação e os efeitos secundários da inflamação das articulações

12- *Saccharomyces boulardii* : Uma estirpe de levedura probiótica que restabelece a flora natural no intestino grosso e delgado e melhora o crescimento das células intestinais. Demonstrou-se eficaz no tratamento de doenças inflamatórias intestinais como a doença de Crohn.

Foi demonstrado que tem efeitos anti-toxinas, é antimicrobiano e reduz a inflamação.

12-Saccharomyces boulardii : uma estirpe probiótica de levedura que restabelece a vegetação caraterística no vasto e pequeno trato digestivo e melhora o desenvolvimento das células intestinais. Demonstrou ser viável no tratamento de doenças intestinais provocadoras como a doença de Crohn

Aplicação de bactérias probióticas em alimentos lácteos:

Está provado que as estruturas alimentares assumem um papel imperativo nos valiosos impactos dos probióticos na saúde do hospedeiro. Os alimentos fermentados, especialmente os lacticínios, são geralmente utilizados como transportadores de probióticos. As bebidas fermentadas constituem um compromisso essencial para a dieta humana em muitos países, uma vez que a fermentação é uma tecnologia barata que preserva os alimentos, aumenta o seu valor nutricional e melhora as suas propriedades sensoriais. No entanto, o interesse por novos produtos probióticos encorajou o avanço de diferentes redes para veicular probióticos, tais como gelados, leite para bebés e sumos de fruta. Além disso, foram utilizadas culturas iniciadoras contendo *Streptococcus salivarius* ssp. *thermophilus* e *Lactobacillus delbrueckii* ssp. *bulgaricus*, *Bifidobacterium longum* e *Lactobacillus acidophilus, e verificou-se que* as bactérias da cultura não diminuíram no iogurte durante o armazenamento congelado. Para além disso, a presença de bactérias probióticas não alterou as características sensoriais do gelado. O gelado pode oferecer um bom veículo para as culturas probióticas devido à sua composição, que inclui proteínas do leite, gordura e lactose, bem como outros compostos. Para além disso, o seu estado congelado aumenta a sua eficácia. No entanto, um gelado probiótico deve ter valores de pH geralmente elevados - 5,5 a 6,5, de modo a suportar uma maior sobrevivência das culturas lácticas durante o armazenamento. Além disso, a acidez mais baixa permite uma maior aceitação por parte do consumidor, particularmente entre os consumidores que preferem produtos mais suaves. (Cruz et al., 2009b). O crescimento de uma levedura probiótica, Saccharomyces boulardii, em associação com a microflora do bio-iogurte, o que é feito através da incorporação da levedura no bio-iogurte comercial, tem sido recomendado como uma abordagem para estimular o crescimento de organismos probióticos e para garantir a sua sobrevivência durante o armazenamento.

A espécie de levedura probiótica, *S. boulardii*, teve a capacidade de se desenvolver no bio-iogurte e atingir contagens máximas superiores a 107 CFU g-1. O número de populações de leveduras foi significativamente mais elevado no iogurte à base de fruta, principalmente devido à presença de sacarose e frutose obtidas da fruta.

Independentemente da incapacidade de *S. boulardii* para utilizar a lactose, as espécies de levedura utilizaram ácidos orgânicos acessíveis, galactose e glucose provenientes do metabolismo bacteriano do açúcar do leite, a lactose, presente nos produtos lácteos. A viabilidade das estirpes de *L. acidophilus* e *Bifidobacterium animalis* ssp. *lactis* em iogurtes agitados com preparações de fruta de manga, bagas mistas, maracujá e morango foi avaliada durante o período de conservação. Os leites fermentados suplementados com fibras de limão e laranja aumentaram as contagens de L. acidophilus e L. casei durante o armazenamento a frio em comparação com o conjunto de controlo. Esta não foi a situação para *B. bifidum*, provavelmente devido à conhecida sensibilidade das espécies de bifidobactérias a um ambiente ácido.

Exemplos de produtos lácteos fermentados probióticos:

Leite Acidophilus:

Neste tipo de leite fermentado, *o Lactobacillus acidophilus* é utilizado como cultura de arranque. Para a produção, o leite é processado a 95°C e passa por homogeneização. Depois é arrefecido a 37°C e inoculado com 2-5% de cultura comercial pura de *L. acidophilus* e deixado a incubar durante 12-24 horas. Depois, o leite é arrefecido a 5°C e mantido em condições de frio. No entanto, em algumas produções de leite Acidophilus, o leite é submetido a uma temperatura elevada (acima de 120°C) para eliminar a concorrência e melhorar o desenvolvimento de *L.acidophilus*, sendo depois arrefecido e inoculado com 2-5% de cultura comercial pura de L.acidophilus. As bactérias povoam o sistema intestinal e impedem a atividade de microrganismos nocivos formadores de gás. É benéfico para pessoas com diarreia e problemas de gases intestinais.

Fig. (29). Leite Acidophilus

Leite Bifidus:

O leite Bifidus é o primeiro produto para lactentes produzido com Bifidobactérias e foi produzido pela primeira vez pela Mayer em 1948 na Alemanha. No processo, o leite é normalizado e homogeneizado e mantido a 80-120 °C durante 5-10 minutos. Depois, 10% de cultura inicial de bifidobactérias (*Bifidobacterium bifidum* e *Bifidobacterium longum*) é inoculada no leite e o leite é deixado a incubar a 37°C até à coagulação. Quando atinge um valor de pH de 4,3-4,7, a incubação é terminada. É embalado e mantido em condições de frio. O produto final contém 10^8 -10^9 cfu/ml de bactérias. O produto tem um valor de pH de 4,3-4,7 e contém 10-100 milhões de bifidobactérias em 1 grama, e tem um aroma ácido e picante que o distingue em termos de sabor de outros produtos. O leite Bifidus é de fácil digestão e continua a ser utilizado para o tratamento de doenças gastrointestinais e hepáticas e para a obstipação.

Fig. (30). Leite Bifidus

Produto Mil-Mil:

O Mil-Mil é um produto de leite fermentado japonês. Na sua produção é utilizada uma mistura de culturas iniciais de *Bifidobacterium bifidum* , *Bifidobacterium* breve e *Lb. acidophilus*. Foi desenvolvido pela empresa Yakult Honsha no Japão. O produto é enriquecido com pequenas quantidades de glucose, frutose e sumo de cenoura. Por conseguinte, é rico em provitamina A. O produto também pode ser consumido como sopa.

Produto Yakult:

O Yakult é um produto lácteo probiótico produzido com a estirpe *L. casei* Shirota. Esta estirpe é resistente ao ácido gástrico e duedonal, pode povoar e formar substâncias antimicrobianas no intestino delgado e tem a capacidade de aumentar a atividade e a quantidade de macrófagos. A estirpe L. casei Shirota foi descoberta pelo investigador japonês Dr. Shirota em 1935. Está demonstrado que é benéfica para a saúde e encontra-se no mercado em 15 países diferentes, incluindo países europeus.

Fig. (31). Produto Yakult

Iogurte:

O iogurte é um alimento produzido através da fermentação bacteriana do leite, utilizando uma cultura constituída por Lactobacillus delbrueckii bulgaricus e Streptococcusthermophiles   ,   além de outros lactobacilos e bifidobactérias, por vezes adicionados durante ou após a cultura do iogurte. A fermentação da lactose por estas bactérias produz ácido lático, que actua sobre as proteínas do leite para dar ao iogurte a sua textura e o seu sabor ácido caraterístico. O leite de vaca é o leite mais comummente utilizado para fazer iogurte, para além do leite de búfala, cabra, ovelha, égua, camelo e iaque. O leite utilizado pode ser homogeneizado ou não. Possivelmente, é o alimento probiótico mais popular se for proveniente de animais crus, alimentados com erva.

Para produzir iogurte, o leite é primeiro aquecido, normalmente a cerca de 85 °C (185 °F), para desnaturar as proteínas do leite de modo a que não formem coalhada. Após o aquecimento, o leite é deixado arrefecer até cerca de 45 °C (113 °F) [3] A cultura bacteriana é misturada e a temperatura de 45 °C (113 °F) é mantida durante quatro a doze horas para permitir a fermentação. A questão é uma variação substancial na qualidade dos iogurtes no mercado atual. Recomenda-se que, ao comprar iogurte, se procurem três coisas: Primeiro, que seja proveniente de leite de cabra ou ovelha;

segundo, que seja alimentado com erva; e terceiro, que seja orgânico. O iogurte probiótico tem muitos benefícios, incluindo: Suporta uma digestão saudável, reduz o risco de diabetes tipo 2, reduz o risco de cancro colorrectal, aumenta a densidade óssea e pode ajudar a prevenir a osteoporose, suporta a perda de peso e aumenta a perda de gordura, estimula o sistema imunitário, reduz a pressão arterial elevada, reduz o colesterol mau, regula o humor e pode ajudar a tratar a dor crónica e doenças relacionadas com o cérebro.

Fig. (32). Produto de iogurte

Roupão de leite de manteiga:

O robe, um produto lácteo tradicionalmente fermentado, é o produto mais produzido. As tribos nómadas produzem o robe inteiro durante a estação das chuvas (2-4 meses), sobretudo no Sudão central e ocidental. A maior parte do Robe é feita a partir de leite de vaca, enquanto uma proporção menor é preparada a partir de leite de cabra ou de ovelha ou de uma mistura destes dois leites. O Robe é fermentado naturalmente pelas bactérias *Lactobacillus curvatus*, *Lactobacillus fermentum* e pela levedura *Pichia membranefaciens*. Foram atribuídas muitas utilizações ao Robe. O Robe acabado de preparar, disponível de manhã cedo, é um produto agradavelmente ácido com um sabor amanteigado caraterístico. Com o passar do dia, o produto perde o seu sabor agradável original e torna-se mais ácido, até que o soro se separa da coalhada, que flutua no topo, estando totalmente impregnada de gás. Este tipo de Robe é utilizado para vários fins. Em condições climatéricas quentes, o Robe é diluído com 2 ou 3 volumes de água para dar Gubasha, um refresco para matar a sede. Verificou-se que as amostras de mercado de Robe contêm 7,2% de sólidos totais, 3,3% de proteínas, 2,0% de lactose e 0,16% de gordura,

1,9% de acidez total (como ácido lático) e um valor de pH de 3,5. Parece que pouco trabalho foi efectuado relativamente à qualidade nutricional do Robe.

Produto Garris:

O gariss é um tipo invulgar de leite fermentado preparado a partir de leite de camelo no Sudão. O produto é fabricado através de um processo de fermentação semi-contínuo ou por lotes alimentados em grandes sacos de pele ou *siin*, que contêm uma grande quantidade de produto previamente acidificado. O produto é preparado e consumido essencialmente pelos camelos que pastam nas pastagens. Não é geralmente acessível à família, uma vez que os camelos são frequentemente empurrados para longe à procura de pasto. A fermentação do Gariss tem lugar enquanto os camelos caminham e, devido ao impulso inerente ao andar do camelo, o leite nos sacos é agitado suavemente durante a fermentação.

As espécies de Lactobacillus mais predominantes foram identificadas como *Lactobacillus paracasei* ssp. *paracasei, L. fermentum, L. plantarum* e *Lactococcus lactis*. O leite de camelo fermentado (Gariss) tem um elevado valor nutritivo, o que é importante para os povos do deserto, uma vez que dependem apenas dele. No entanto, a composição química e o conteúdo microbiano foram afectados pelos sistemas de gestão e pelas condições de preparação.

Produto de kefir:

Tal como o iogurte, este produto lácteo fermentado é uma mistura interessante de leite e grãos de kefir fermentados. O kefir é consumido há mais de 3000 anos, e o termo Kefir foi criado na Rússia e na Turquia e significa "sentir-se bem". O Kefir é criado pela fermentação do leite pelas bactérias, e as leveduras no fermento de Kefir decompõem a lactose no leite. É por isso que o Kefir r é adequado para aqueles que são intolerantes à lactose. Esta é a razão pela qual o Kefir r é adequado para as pessoas que são geralmente intolerantes à lactose. Tem um sabor ligeiramente ácido e azedo e contém entre 10 a 34 estirpes de probióticos. O Kefir r é semelhante ao iogurte, mas como é fermentado com levedura e mais bactérias, o produto final é mais rico em probióticos.

Fig. (33). Produto de kefir

Produto Koumiss-Kumiss:

O koumiss é definido como uma bebida nacional produzida a partir de leite de égua. Os nomes diferentes de koumiss noutras línguas são: koumis (francês), (alemão), kumyss, kumys, кумыс (russo). O Koumiss é produzido com métodos tradicionais em casas e produções de pequena escala, enquanto é produzido com métodos industriais. Contém 2% de álcool, 0,5-1,5% de ácido lático, 2-4% de açúcar do leite e 2% de gordura e tem um sabor a ayran azedo. O Koumiss é recomendado para o tratamento da tuberculose, asma, pneumonite, doenças cardiovasculares e doenças ginecológicas. É igualmente indicado para a recuperação de peso e para aumentar o vigor e a energia.

Fig. (34). Produto Koumiss

Produto Acidophilin:

Acidophilin é um produto, produzido a partir de leite de vaca com um processo que inclui a utilização de uma cultura de arranque de alta qualidade e tem um sabor bastante ácido. A cultura contém principalmente Lb. acidophilus. Para além de Lb. acidophilus, contém *Lc. lactis* ssp. *lactis* ou *Lb. delbrueckii* ssp. *bulgaricus*. Em alguns casos, a cultura de kefir pode ser inoculada na cultura com uma proporção de 1:1:1:. Antes da inoculação a 18-25°C, o leite homogeneizado é aquecido a 90-92°C durante não menos de 3 minutos. O leite é deixado em incubação até atingir 0,67-0,72% de acidez titulável. É arrefecido, embalado e mantido em cadeia de frio. A acidez da Acidofilina é de cerca de 0,67-1,08% e o produto final contém 97% de L. lactis ssp. lactis, 2% de L. acidophilus e 1% de levedura. Tem uma menor atividade antimicrobiana do que o leite acidófilo.

Produto Nono:

O Nono é um produto lácteo fermentado naturalmente produzido pela comunidade Hausa, no Norte da Nigéria. No fabrico do Nono, o leite não pasteurizado é deixado a fermentar naturalmente. O excesso de soro de leite é deixado escorrer e o produto é agitado para obter uma consistência uniforme. O Nono é um produto popular rico em proteínas.

Maas e Inkomasi:

Maas e Inkomasi são produtos lácteos fermentados originários da África do Sul. Estes dois produtos são tradicionalmente produzidos em panelas de barro e cabaças. Presume-se que as bactérias presentes na superfície interna do recipiente são responsáveis pela fermentação do leite. A fermentação mista de lactobacilos homo e heterofermentativos, estreptococos, leuconostocos e leveduras tem sido relatada como dominante. Uma parte do soro de leite pode ser drenada para obter um produto com maior espessura. As preparações de Maas e Inkomasi também foram comercializadas.

Fig. (35). Produto de Maas

Produto Channa:

A channa é um produto indiano obtido por coagulação termo-ácida do leite. O coágulo é granular, de cor creme esbranquiçada, delicado e esponjoso, com um sabor gorduroso caraterístico. A Chhana é preparada fervendo o leite e depois coalhando-o com uma pequena quantidade de soro de leite. O componente coagulado resultante é recolhido e envolvido numa gaze, coado e bem batido, até ficar bem firme. Esta mistura é bem amassada antes de ser utilizada, de modo a adquirir uma consistência muito macia e suave. É utilizada na preparação de doces à base de channa, como a Rasagolla, o champakali, o chum-chum e o rasmali. O produto é preparado aquecendo o leite até à ebulição durante 10 minutos e arrefecendo em seguida. O ácido cítrico é adicionado com uma mistura constante e moderada. O leite coagulado é pendurado num saco de musselina durante cerca de duas horas para escoar o soro. Nessa altura, o coágulo é embrulhado em folha de alumínio e armazenado num local fresco.

Fig. (36). Produto Channa

CAPÍTULO 13

UTILIZAÇÃO DE CULTURAS DE BACTÉRIAS NA PRODUÇÃO DE PRODUTOS CÁRNEOS FERMENTADOS

Introdução:

As carnes fermentadas são alimentos com uma longa tradição devido à sua estabilidade e acomodação, ao seu valor nutritivo e às suas propriedades sensoriais atractivas. A melhoria das suas qualidades normais deve-se geralmente às actividades enzimáticas dos microrganismos que participam no processo de fermentação. A título de exemplo principal, a sua cor inconfundível baseia-se normalmente na atividade da redutase do nitrato dos cocos catalasepositivos, dos estafilococos coagulase-negativos (ECN) envolventes e, por vezes, de espécies de Kocuria.

A fermentação é uma técnica simples e barata para a conservação da carne e dos produtos à base de carne desde a antiguidade. Tem a vantagem adicional de produzir produtos específicos com um ótimo aroma. A produção de ácido (redução do pH), a produção de H2O2 e as bacteriocinas produzidas separadamente ou em mistura por culturas de arranque são responsáveis por impedir o desenvolvimento de agentes patogénicos de origem alimentar e microrganismos de deterioração na carne. O entusiasmo pela utilização de técnicas de fermentação na carne foi ressuscitado, uma vez que existe atualmente um confinamento na utilização de aditivos químicos para a proteção da carne e dos produtos à base de carne. A fermentação da carne é um fenómeno biológico complexo acelerado pela ação desejável de microrganismos específicos na presença de uma incrível variedade de espécies concorrentes ou que actuam sinergicamente, principalmente a partir da carne.

As bactérias do ácido lático desempenham um papel fundamental na produção de produtos de carne fermentados, sendo o Lactobacillus a espécie fundamental utilizada como parte do tipo europeu de produtos fermentados. Tendo em conta o objetivo final de garantir a qualidade sensorial e a boa formação de cor, as bactérias do ácido lático não são adequadas e é necessário o empenho de *Staphylococcus carnoses*. Algumas estirpes de lactobacilos da carne apresentam propriedades críticas do ponto de vista tecnológico, como a produção de antimicrobianos.

O enchido é um produto cárneo cilíndrico, tipicamente produzido a partir de carne moída, frequentemente de porco, vaca ou vitela, juntamente com sal, especiarias e diferentes aromas, e pão ralado, com uma pele à volta. Normalmente, o enchido é enquadrado num invólucro tradicionalmente feito de tripa, mas por vezes de materiais sintéticos. Os enchidos que são vendidos crus são normalmente cozinhados de várias formas, incluindo fritar, grelhar e assar. Alguns enchidos são cozinhados durante a transformação e o invólucro pode então ser retirado.

As salsichas s~o um dos produtos de carne mais antigos em que as carnes frescas trituradas s~o modificadas por v\341rios m\351todos de transforma\347\343o para produzir propriedades desej\341veis e de conserva\347\343o. The degree of comminution varies among various processed products and is o\frequently unique characteristic of particular product ranging from coarse comminuted, to finely comminuted to form an emulsion. O principal objetivo económico destes produtos é apresentar proporções relativamente grandes de gordura de forma palatável. A cominuição da gordura é, por conseguinte, uma caraterística comum.

Os enchidos curados a seco são um dos tipos consagrados de conservação de carne e são típicos dos países mediterrânicos de clima seco (Espanha, Itália, França, Portugal e Turquia). Curiosamente, os enchidos curados com fumo ou cozinhados prevalecem nos países de clima mais frio. Em geral, sabe-se que os atributos subjectivos dos enchidos fermentados naturalmente dependem da qualidade dos ingredientes e das matérias-primas, das condições particulares de processamento e maturação e da composição da população microbiana.

Embora os fermentos lácteos cultivados comercialmente já existam desde 1957, só recentemente é que as empresas de equipamento e de materiais de salsicharia os apresentam em catálogos. À medida que o especialista em salsicharia se torna mais instruído nas melhores partes da arte de fazer salsichas, começará, sem dúvida, a fazer mais salsichas fermentadas em casa.

A inoculação da massa de enchido com uma cultura de arranque constituída por bactérias lácticas seleccionadas (LAB), ou seja, lactobacilos homofermentativos e/ou pediococos, e cocos Gram-positivos catalase-positivos (GCC), ou seja, estafilococos não patogénicos coagulase-negativos e/ou kocuriae, melhora a qualidade e a segurança do produto final e normaliza o processo de produção.

No entanto, os pequenos fabricantes continuam a utilizar o método convencional de fermentação espontânea sem adição de cultura inicial. Neste caso, os microrganismos necessários provêm da própria carne ou do ambiente e constituem uma parte da chamada flora doméstica (o back-slopping é adicionalmente utilizado, se for adicionado material de um lote anterior bem sucedido para facilitar o início de um novo processo de fermentação. Estes enchidos fermentados de forma artesanal são regularmente de melhor qualidade do que as maturações controladas imunizadas de qualidade superior em comparação com as fermentações controladas inoculadas com fermentos industriais e possuem qualidades distintas, em parte devido às propriedades da matéria-prima e às características da tecnologia utilizada, mas também à composição específica da flora doméstica. A atividade metabólica e geradora de sabor do CCG no chouriço artesanal, por exemplo, tem demonstrado variar com o local de fabrico.

Fig.(37). Enchido fermentado

Composição dos enchidos:

Adultos e crianças consomem quantidades significativas de produtos de carne processada (incluindo salsichas), utilizando-os regularmente como substitutos da carne. Por conseguinte, é vital manter o perfil saudável destes produtos. Para o efeito, a norma exige que as salsichas contenham pelo menos 50% de carne sem gordura. Além disso, a norma exige que tenham um teor máximo de gordura permitido. Este máximo é de 50% da carne isenta de gordura. Por exemplo, para fabricar uma salsicha com 600 g de carne isenta de gordura por kg de salsicha final, é permitido ter até 300 g por kg de gordura na salsicha final (ou seja, 50% dos 600 g de carne isenta de gordura por kg). Note-se que a carne isenta de gordura é medida para efeitos de diagnóstico através da determinação da quantidade de proteínas presentes na carne, não significando que a carne não tenha gordura visível. Não existe qualquer restrição específica à utilização de miudezas como parte do conteúdo de carne dos enchidos, uma vez que a presença destes ingredientes deve ser anunciada.

Tipos de enchidos:

Existem muitos tipos de salsichas, incluindo:

1- Salsicha fresca:

Um tipo de enchido não curado e não cozinhado com um prazo de validade curto. Os produtos têm vários graus de cominuição, mas a maioria dos produtos tende a ser grosseira. O tipo britânico de salsicha fresca pode ter vários níveis de teor de carne.

2- Salsichas de emulsão:

Enchidos fabricados a partir de carne magra e gordura finamente trituradas. Frequentemente transformados, por exemplo, por cozedura, adição de sais de cura, fumagem, secagem; podem, por conseguinte, ter um prazo de validade intermédio Alguns contêm inclusões bastante grandes de carne grosseiramente cortada, gordura, especiarias, etc.

3- Chouriço seco fermentado :

Este tipo de enchido tem um período de conservação longo (por exemplo, 1 a 2 anos), obtido graças ao ácido lático produzido por fermentação no início da transformação e à cura com nitritos, geralmente formados microbiologicamente a partir da secagem dos nitratos nas fases posteriores do fabrico.

A adição de uma lata de fermentos concentrados produzidos comercialmente à carne preparada é um método proposto. As culturas liofilizadas são misturadas com os condimentos e aditivos; essas culturas também podem ser desidratadas e depois vertidas sobre a mistura. A mistura de carne deve conter hidratos de carbono adicionados sob a forma de um açúcar fermentável como a dextrose, a lactose ou a sacarose para o crescimento bacteriano que resulta na redução do pH.

Vantagens das culturas de arranque para carne:

1- Segurança do produto: A rápida população inicial assegura a dominância sobre as bactérias deteriorantes ou patogénicas quando o pH não desce até as inibir.

2 - Uniformidade do produto: A S.C. fiável assegura um sabor, cor e textura uniformes do produto.

3-Tempo de secagem: A acidificação resulta numa migração mais rápida da água para a superfície da salsicha e numa secagem mais rápida, com a consequente poupança de custos energéticos.

4-Aumento da eficiência da fábrica: Um maior volume de produto será processado com baixo custo.

5-Corpo do produto: As salsichas tornam-se mais firmes quando a proteína é acidificada.

6- Prazo de validade: Os enchidos com baixo pH e baixa humidade podem ser vendidos sem refrigeração e com um longo período de conservação.

Culturas de arranque para enchidos fermentados:

A carne está geralmente sujeita a deterioração pelo desenvolvimento de vários microrganismos. Enquanto que estes microrganismos deteriorantes não são aceitáveis na carne crua e nos produtos à base de carne, certos tipos de microrganismos fermentativos, particularmente o LAB, quer existam na carne crua naturalmente ou adicionados pelos produtores, são utilizados para a produção de produtos à base de carne fermentados. Estes microrganismos desejáveis adicionados à massa de carne são designados por culturas de arranque e podem ser uma única espécie ou uma mistura de microrganismos específicos.

As culturas iniciais fermentam as salsichas, desenvolvem a cor e o sabor e proporcionam segurança. A adição de qualquer cultura comercial à mistura de salsichas constitui um obstáculo à segurança, uma vez que esse grande número de micróbios de apresentação estaladiça começa a competir por alimentos (humidade, oxigénio, açúcar, proteínas) com um número modesto de bactérias que vivem na carne, impedindo-as de se desenvolverem

Classificação dos fermentos lácteos para enchidos:

Os fermentos lácteos utilizados nos enchidos fermentados podem ser classificados nos seguintes grupos
1- Culturas de arranque produtoras de ácido lático (fermentação)
2- Culturas de arranque fixadoras de cor e formadoras de sabor (coulor e sabor)
3- Culturas de arranque de cobertura da superfície (leveduras e bolores)
5-Culturas starter bio-protectoras (produtoras de bacteriocinas).

Fig. (38). Chouriço seco fermentado

Microrganismos envolvidos na fermentação de enchidos:

Os microrganismos que estão basicamente associados à fermentação dos enchidos incluem espécies de BAL, CCG, bolores e leveduras. Nos enchidos europeus de fermentação espontânea, os lactobacilos homofermentativos facultativos constituem a flora predominante durante toda a maturação. *O Lactobacillus sakei* e/ou *o Lactobacillus curvatus* dominam geralmente o processo de fermentação.

O Lactobacillus sakei parece ser a mais competitiva de ambas as estirpes, representando frequentemente metade a dois terços de todos os isolados de LAB de salsichas fermentadas espontaneamente, embora *o Lactobacillus curvatus* seja encontrado tão frequentemente quanto possível em somas até um quarto de todos os isolados de LAB. Outros lactobacilos que podem ser encontrados, mas em geral em níveis menores, incluem *Lactobacillus plantarum*, *Lactobacillus bavaricus* (atualmente reclassificado como *Lactobacillus sakei* ou *Lactobacillus* curvatus), *Lactobacillus brevis*, *Lactobacillus buchneri* e *Lactobacillus paracasei*. Recentemente, a nova espécie *Lactobacillus versmoldensis foi* isolada de salsichas alemãs, de maturação rápida, do tipo salame, onde estava presente em números de até 10^8 cfu /g . Os Pediococos são menos frequentemente isolados de enchidos fermentados europeus, mas ocorrem ocasionalmente em pequenas percentagens. São mais típicos nos enchidos fermentados dos Estados Unidos, onde são propositadamente adicionados como culturas de arranque para acelerar a acidificação da massa de carne. Os enterococos estão por vezes associados a produtos de carne fermentados, especificamente produtos artesanais do Sul da Europa, onde aumentam durante as fases iniciais da fermentação e podem ser detectados no produto final a níveis de 102-105 ufc g_1. São universais nos estabelecimentos de transformação de alimentos e a sua presença no trato gastrointestinal dos animais provoca um elevado potencial de contaminação da carne no momento do abate. Estes microrganismos podem realçar o sabor dos alimentos, mas também podem comprometer a segurança se proliferarem estirpes patogénicas oportunistas ou se se propagar a resistência aos antibióticos.

Os estafilococos e os kocuriae podem participar em reacções desejáveis durante a maturação de enchidos fermentados secos, tais como a estabilização da cor, a deterioração dos peróxidos, a proteólise e a lipólise. São ineficazmente competitivas na presença de bactérias acidúricas de crescimento ativo. Os estafilococos não patogénicos, coagulase-negativos, são dominados por *Staphylococcus xylosus*, *Staphylococcus carnosus* e *Staphylococcus saprophyticus*, mas também ocorrem espécies diferentes. Para além dos estafilococos, Kocuria varians, anteriormente conhecido como Micrococcus varians, ou outros kocuriae são por vezes isolados em pequenas quantidades de salsichas naturalmente fermentadas.

Os bolores, geralmente Penicillium nalgiovense e Penicillium chrysogenum, são utilizados em salsichas amadurecidas com bolor, especialmente no sul da Europa. Uma população de leveduras, dominada por *Debaryomyces hansenii*, pode também ser encontrada na superfície do enchido e é por vezes adicionada como cultura de arranque.

Vantagens dos fermentos lácteos para salsichas:

As vantagens dos fermentos lácteos para os enchidos fermentados incluem

1- são em número e qualidade conhecidos. Isto dispensa uma tonelada de especulações sobre a existência de bactérias suficientes no interior da carne para iniciar a fermentação ou sobre a aquisição de uma cor de cura forte.

2-culturas são actualizadas para várias gamas de temperatura que permitem a produção de produtos de fermentação lenta, média ou rápida. As salsichas tradicionalmente produzidas requeriam três (ou mais) meses para serem feitas, as culturas iniciadoras tornam isso possível em semanas ou mesmo dias.

3-A produção de enchidos fermentados não depende de "conhecimentos privilegiados" e um produto de qualidade consistente pode ser criado durante todo o ano em qualquer zona climática, desde que as condições naturais adequadas ou as câmaras de fermentação/secagem sejam acessíveis.

4 - garantem a segurança, disputando o alimento com as bactérias indesejáveis, reprimindo assim o seu desenvolvimento.

A tabela (4) apresenta os microrganismos mais importantes utilizados em culturas de arranque:

Quadro 5. Microrganismos importantes utilizados nas culturas de arranque de enchidos.

Microorganism	Family	Species Use	Use
Lactic Acid Bacteria	Lactobacillus	*L.plantarum*	acid production
	Pediococcus	*L.pentosum*	acid production
		L.sakei	acid production
		L.curvatus	acid production
		P.acidilactici	acid production
		P.pentosaceus	acid production
Curing Bacteria (color and flavor forming)	Micrococcus Staphylococcus	*K.varians*	color and flavor
		S.xylosus	color and flavor
		S.carnosus	color and flavor
Yeasts	Debaryomeces Candida	*D.hansenii*	flavor
		C.famata	flavor
Moulds	Penicillium	*P.nalgiovense*	white mold
		P.chrysogenum	white mold

Para além de serem excecionalmente competidoras por nutrientes contra bactérias patogénicas e de deterioração, as bactérias lácticas são conhecidas por criarem compostos denominados "bacteriocinas" que podem atuar contra diferentes microrganismos. *Pediococcus acidilactici* e *Lactobacillus curvatus* são conhecidos fabricantes de bacteriocinas particularmente bem sucedidos contra o desenvolvimento de *Listeria monocytogenes*.

Sabor a enchidos fermentados:

O sabor do enchido fermentado é afetado por numerosas variáveis, principalmente a origem, a quantidade e o tipo de ingredientes (por exemplo, carne, sal e especiarias), a temperatura, o tempo de processamento, a fumagem e a escolha da cultura de arranque. O sabor básico resulta da interação do sabor (determinado principalmente pela produção de ácido lático e pelo padrão de péptidos e aminoácidos livres resultantes da proteólise gerada pelos tecidos) e do aroma (determinado principalmente por componentes voláteis derivados do metabolismo bacteriano e da autoxidação lipídica). No entanto, o ácido acético está também presente e é, de facto, necessário em pequenas quantidades para o pleno sabor da salsicha seca. No entanto, concentrações demasiado elevadas de ácido acético produzem um sabor espinhoso e adstringente. Nos enchidos do sul da Europa, a acidez predominante não é procurada e pode ser rejeitada. No último tipo de enchido, em que a acidez é suave e a fumagem é pouco frequente, o sabor é criado principalmente pelas actividades proteolíticas e lipolíticas das enzimas tecidulares, mas a cultura de arranque também cria sabor devido às suas actividades metabólicas aromagénicas. Normalmente, os enchidos mediterrânicos são igualmente inoculados à superfície com fungos que contribuem igualmente para as propriedades sensoriais. As enzimas proteolíticas, principalmente as endógenas da carne, são importantes para o sabor.

As proteases da carne, especialmente as enzimas do tipo catepsina D, parecem ser responsáveis pela proteólise e pela formação de péptidos durante a fermentação (Hierro et al., 1999; Molly et al., 1997), enquanto as enzimas microbianas acompanham antes os oligopeptídeos descarregados durante as últimas fases de maturação (). A atividade proteolítica microbiana contra as proteínas da carne é baixa nas condições encontradas nos enchidos fermentados, no entanto, uma ação específica, ainda que em menor grau e de forma dependente da estirpe, pode contribuir de forma incompleta para a decomposição inicial das proteínas. É ainda mais importante o facto de os péptidos criados pela proteólise muscular poderem ser absorvidos por bactérias que os dividem intracelularmente em aminoácidos e podem transformá-los em componentes aromáticos.

A lipólise desempenha um papel central no desenvolvimento do aroma. Provoca a chegada de ácidos gordos livres e deve-se, na sua maioria, a lipases tecidulares, embora a atividade lipolítica bacteriana também tenha sido descrita, em particular por estafilococos. Os ácidos gordos de cadeia curta (C < 6) provocam fortes odores a queijo, ao passo que os ácidos gordos de cadeia média e longa podem ser tão fortes como os antecedentes. A lipólise é A lipólise é apenas a fase inicial do processo e é seguida por uma degradação oxidativa adicional dos ácidos gordos libertados em alcanos, alcenos, álcoois, aldeídos, cetonas e ciclos furânicos. A flora bacteriana desempenha um papel na oxidação dos ácidos gordos livres, apesar de também ocorrerem reacções não enzimáticas. Exceptuando a glicólise após a morte, o catabolismo dos hidratos de carbono é principalmente de origem bacteriana (LAB e GCC) e compostos como o ácido lático, o ácido acético, o etanol, a acetoína e o diacetilo podem desempenhar um papel na complexidade do sabor dos enchidos. A utilização de estirpes seleccionadas que produzem componentes aromáticos fascinantes como culturas de arranque funcionais poderia levar a enchidos mais saborosos, bem como a uma diminuição do tempo de maturação.

O desenvolvimento de fermentos funcionais *para realçar o sabor deve ter em conta a aprendizagem sobre materiais brutos*, tecnologia e qualidade sensorial, e *deve ser direcionado para aplicações específicas*. Para além disso, os fermentos *não devem ter* características indesejáveis, tais como a formação de compostos tóxicos ou quantidades demasiado elevadas de ácido acético ou acetoína. A produção de acetoína, estimulada pelo baixo pH e pela baixa disponibilidade de açúcares no final do período de maturação, pode *provocar* enchidos fermentados com um odor a produtos lácteos.

CAPÍTULO 14

UTILIZAÇÃO DE FERMENTOS LÁCTEOS NA PRODUÇÃO DE PRODUTOS DE PASTELARIA

Introdução:

A qualidade do pão é caracterizada pelo seu sabor, valor nutricional, textura e tempo de utilização. Na indústria de panificação as características são melhoradas pela expansão de supostos "melhoradores" ou enzimas (que normalmente são incorporados nos melhoradores). Por outro lado, a expansão da massa fermentada tem impacto em todos os aspectos da qualidade do pão e, consequentemente, satisfaz a procura do consumidor de uma utilização reduzida destes melhoradores que contêm todo o tipo de aditivos.

O pão de massa fermentada é fabricado através da fermentação da massa utilizando lactobacilos e leveduras naturais. O pão de massa fermentada tem um sabor um pouco áspero que não está presente na maioria dos pães feitos com levedura de padeiro e qualidades de conservação características inerentes a outros pães, devido ao ácido lático produzido pelos lactobacilos. A massa fermentada é feita a partir de farinha e água, que começa a fermentar espontaneamente e que é deixada a fermentar durante um período de tempo específico a uma temperatura específica. A farinha contém naturalmente bactérias lácticas, que se desenvolverão na mistura e que a acidificarão. Por vezes, o padeiro adiciona ele próprio bactérias lácticas. Em francês chama-se "levain", em italiano ou espanhol "madre", em neerlandês "zuurdesem" e o padeiro alemão fala de "Sauerteig".

Como a massa fermentada é um meio e não um resultado final, o efeito no pão deve ser resolvido com base na natureza do pão. As alterações bioquímicas durante a fermentação da massa fermentada ocorrem nos segmentos de proteínas e hidratos de carbono da farinha. A taxa e o grau destas progressões têm um impacto incrível nas propriedades da massa fermentada e, consequentemente, na qualidade do pão. Os impactos estão relacionados com os metabolitos criados pelas bactérias do ácido lático e pela levedura durante a fermentação, incluindo ácidos orgânicos, enzimas e CO_2.

Fig. (39).Pão de massa azeda

A microflora do pão de massa fermentada:

As bactérias do ácido lático (LAB) e as leveduras estão regularmente associadas na massa fermentada. A proporção LAB:levedura nas massas fermentadas é maioritariamente 100:1. Embora na maior parte dos alimentos fermentados as BAL homofermentativas desempenhem um papel essencial, as LAB heterofermentativas são dominantes na massa fermentada, particularmente quando preparada tradicionalmente. Na realidade, o ácido acético, produto final vital da heterofermentação, desempenha um papel importante no sabor da massa fermentada. Além disso, as estirpes de Lactobacillus são mais frequentes do que as espécies de Leuconostoc, Weissella e Pediococcus; raramente se encontram lactococos, enterococos e estreptococos. A força dos lactobacilos heterofermentativos (comprometidos) nas massas fermentadas pode ser esclarecida predominantemente pela sua competitividade e adaptação a esta condição específica.

A microflora dos cereais crus é composta por bactérias e fungos (10^4 -10^7 CFU/g), enquanto a farinha contém 2×10^4 -6×10^6 CFU/g (Stolz, 1999). As bactérias são principalmente mesófilas e encontram-se também em massas fermentadas espontaneamente. Incluem aeróbios Gram-negativos (por exemplo, Pseudomonas) e anaeróbios facultativos (Enterobacteriaceae), para além de BAL Gram-positivas: bastonetes homofermentativos (L. casei, L. coryniformis, L. curvatus, L. plantarum e L. salivarius), bastonetes heterofermentativos (L. brevis e L. fermentum), cocos homofermentativos (E. faecalis, L. lactis, P. acidilactici, P. parvulus e P. pentosaceus) e cocos heterofermentativos (Leuconostoc e Weissella). Da mesma forma, podem estar disponíveis Staphylococcus aureus e Bacillus cereus indescjáveis e, adicionalmente, outras bactérias. Foram identificadas muitas leveduras, quer nos grãos (até 9×10^4

CFU/g) quer nas farinhas (até $2X10^3$ CFU/g), incluindo: Candida, Cryptococcus, Pichia, Rhodotorula, Torulaspora, Trichosporon, Saccharomyces e Sporobolomyces. Deve ser realçado que S. cerevisiae não se encontra nas matérias-primas; a sua ocorrência na massa fermentada pode ser explicada pela aplicação de levedura de padeiro na maioria das práticas diárias de panificação (Corsetti et al., 2001; Galli, Franzetti, & Fortina, 1987). Entre os fungos (ca. 3!104 CFU/g), estão presentes Alternaria, Cladosporium, Drechslera, Fusarium, Helminthosporium, e Ulocladium (do campo), e Aspergillus e Penicillium (do armazenamento).

Produção de pão de massa fermentada:

Preparação da cultura inicial:

Antes de fazer um pão de massa fermentada, é necessário fazer um fermento de massa fermentada. Trata-se de uma cultura de farinha e água para o crescimento de leveduras selvagens e bactérias lactobacilos. A motivação por detrás do fermento é produzir um fermento vigoroso e desenvolver o sabor do pão. Na prática, existem vários tipos de fermentos, uma vez que a proporção de água e farinha no fermento varia. Um fermento pode ser uma massa líquida ou uma massa firme.

A farinha contém naturalmente uma variedade de leveduras e esporos bacterianos. Quando a farinha de trigo entra em contacto com a água, a enzima amilase, que ocorre naturalmente, decompõe o amido nos açúcares glucose, sacarose, galactose e rafinose, que a levedura natural da massa fermentada pode metabolizar. Além disso, a amilase decompõe o amido em maltose, que a levedura não consegue metabolizar.[14] Com tempo, temperatura e refrescos adequados com massa nova ou fresca, a mistura desenvolve uma cultura estável. Esta cultura fará com que a massa cresça se o glúten tiver sido suficientemente desenvolvido. As bactérias fermentam a maltose que a levedura não consegue utilizar, e os subprodutos são metabolizados pela levedura que produz gás dióxido de carbono, fermentando a massa.

Adquirir uma ascensão atractiva a partir da massa fermentada leva mais tempo do que uma massa fermentada com levedura de padeiro, porque a levedura numa massa fermentada é menos vigorosa. No entanto, na presença de bactérias de ácido lático, observou-se que algumas leveduras de massa fermentada produzem o dobro do gás da levedura de padeiro. As condições ácidas da massa fermentada, juntamente com as bactérias que também fornecem enzimas que quebram as proteínas, resultam num glúten mais fraco e podem dar origem a um produto final mais denso.

Resumidamente, a cultura inicial pode ser feita em cerca de cinco dias. No primeiro dia, mistura-se a farinha e a água numa massa e deixa-se repousar à temperatura ambiente durante a noite. As leveduras selvagens são e começarão rapidamente a desenvolver-se nesta cultura. Nos dias seguintes, as leveduras e as bactérias precisam de ser alimentadas, despejando alguma da cultura e adicionando farinha e água frescas. O pão estará pronto a ser utilizado para fazer pão quando a cultura se tornar muito borbulhante apenas algumas horas após a alimentação, e quando tiver um cheiro azedo mas fresco.

Refrescamento da cultura de arranque:

Enquanto fermenta, por vezes durante vários dias, o volume do fermento é aumentado por adições periódicas de farinha e água, chamadas "refrescos".

A proporção de fermento fermentado em relação à farinha nova e à água é fundamental para o desenvolvimento e manutenção de um fermento. Esta proporção é conhecida como o *rácio de refrescamento*. Rácios de renovação mais elevados estão relacionados com uma maior estabilidade microbiana na massa fermentada. Um rácio de refrescamento elevado mantém a acidez da massa refrescada moderadamente baixa. Níveis de acidez inferiores a pH 4,0 restringem os lactobacilos e favorecem as leveduras tolerantes aos ácidos.

Um fermento mais seco e frio tem menos atividade bacteriana e mais desenvolvimento de levedura, o que leva à produção bacteriana de mais ácido acético em relação ao ácido lático. Por outro lado, um arranque mais húmido e mais quente tem mais atividade bacteriana e menos desenvolvimento de leveduras, com mais ácido lático em relação ao ácido acético. As leveduras produzem principalmente CO_2 e etanol. São desejadas quantidades elevadas de ácido lático nas fermentações de centeio e de mistura de centeio, enquanto que são desejadas quantidades relativamente mais elevadas de ácido acético nas fermentações de trigo. Um fermento seco e frio produz um pão mais azedo do que um fermento húmido e quente. Os fermentos firmes (por exemplo, o fermento flamengo Desem, que é coberto por um grande recipiente de farinha para evitar que seque) têm tendência a consumir mais recursos do que os húmidos.

Foram concebidos processos de arranque mais rápidos, que requerem menos refrescos, utilizando por vezes fermentos comerciais como inoculantes. Estes fermentos, em geral, dividem-se em dois tipos. Um é produzido utilizando massas de arranque habitualmente mantidas e estáveis, secas regularmente, nas quais as proporções de microrganismos são questionáveis. Outro é produzido utilizando microrganismos cuidadosamente isolados de placas de Petri, cultivados em grandes populações homogéneas em fermentadores e transformados em produtos de panificação combinados com proporções numericamente definidas e quantidades conhecidas de microrganismos bem adaptados a estilos de pão específicos

Métodos locais:

Os padeiros formularam alguns métodos para fortalecer uma cultura estável de microrganismos no fermento. A farinha não branqueada e não bromada contém mais microrganismos do que as farinhas mais processadas. No entanto, algumas culturas utilizam uma mistura subjacente de farinha branca e farinha de centeio ou de trigo integral ou "semeiam" a cultura utilizando uvas biológicas não lavadas (para as leveduras selvagens nas suas peles). As uvas e o mosto de uvas são igualmente fontes de bactérias lácticas, tal como muitas outras plantas comestíveis. As folhas de manjericão são mergulhadas em água à temperatura ambiente durante uma hora para semear a massa fermentada grega tradicional. Diz-se que a utilização de água de batatas cozidas aumenta a atividade das bactérias, fornecendo mais amido.

Os padeiros fazem regularmente pães com massa fermentada de uma fornada anterior (a que chamam "massa mãe", "esponja mãe", "chefe"', ou "semente azeda") em vez de fazerem um novo fermento de cada vez que cozem. A cultura de arranque original pode ter muitos anos. Devido ao seu nível de pH e à presença de agentes antibacterianos, essas culturas estão prontas para antecipar a colonização por leveduras e bactérias indesejáveis. Assim, os produtos de massa fermentada mantêm-se inerentemente frescos durante mais tempo do que outros pães e são bons a resistir à deterioração e ao bolor sem os aditivos necessários para retardar a deterioração de outros tipos de pão.

O sabor do pão de massa fermentada varia de um local para outro, em função do método utilizado, da hidratação do fermento e da massa final, da proporção de refrescamento, da duração dos períodos de fermentação, da temperatura ambiente, da humidade e da altitude, que contribuem para a microbiologia da massa fermentada.

Cozinhar:

O fermento é misturado com farinha e água para obter uma massa final com a consistência desejada. O peso do fermento é geralmente de 13% a 25% do peso total da farinha, embora as receitas possam variar. A massa é moldada em pães, deixada a levedar e depois cozida. Uma vez que o tempo de subida da maioria dos fermentos de massa fermentada é mais longo do que o dos pães feitos com fermento de padeiro, os fermentos de massa fermentada são geralmente inadequados para utilização numa máquina de fazer pão.

No entanto, a massa fermentada que foi demonstrada ao longo de várias horas, utilizando um fermento de massa fermentada ou massa mãe, seria então transferida para a máquina, usando apenas a parte de cozimento do programa de produção de pão, ignorando o amassamento mecânico cronometrado pela pá da máquina. Isto pode ser conveniente para a produção de um único pão, mas as características complexas da crosta estriada e cortada do pão de massa fermentada cozido no forno não podem ser alcançadas numa máquina de fazer pão, uma vez que isto normalmente requer a utilização de uma pedra de aquecimento no forno e a turvação da massa para produzir vapor.

Tipos de massa fermentada:

Com base na tecnologia aplicada para a sua produção, as massas fermentadas foram agrupadas em três tipos. Cada tipo de massa fermentada é caracterizado por uma microflora LAB específica. Os tipos incluem: tipo I: I sourdoughs ou sourdoughs tradicionais, sourdough que é reiniciado usando uma parte da fermentação anterior), tipo II: massa fermentada acelerada, geralmente utilizada como complemento de fermentação da massa em meio fluido).
tipo III: massas secas: são preparações secas). Contrariamente às massas de tipo I, as massas de tipo II e III requerem a adição de levedura de padeiro (*S. cerevisiae*) como agente de fermentação.

Massa fermentada de tipo I:

As massas fermentadas de tipo I são geralmente massas firmes produzidas com técnicas tradicionais e são caracterizadas por refrescos contínuos, dia após dia, para manter os microrganismos num estado dinâmico, como demonstrado por uma elevada atividade metabólica, sobretudo no que diz respeito à fermentação, ou seja, à produção de gás. O processo é efectuado a uma temperatura abrangente (2030 8C) e o pH é de cerca de 4,0. Exemplos de produtos de panificação obtidos desta forma são o pão francês de massa fermentada de São Francisco, o panetone e outros brioches, o pão Pugliese, Toscanon e Altamura, e o pão de centeio de massa fermentada de três fases.

A flora bacteriana do ácido lático que domina a massa fermentada do tipo I inclui *Lactobacillussanfranciscensis*, L. *pontis L. fermentum, L. fructivorans, L.brevis* e *L. paralimentarius* . As leveduras incluem: *Saccharomyces exiguus, Candida milleri*, ou *Candida holmii* povoam normalmente as culturas de massa fermentada em simbiose com *Lactobacillus sanfranciscensis*. A levedura perfeita *S. exiguus* está associada às leveduras imperfeitas *C. milleri* e *C. holmii. Torulopsis holmii, Torula holmii* e *S. rosei* são sinónimos utilizados antes de 1978. Outras leveduras encontradas incluem *C. humilis, C. krusei,*

Pichia anomaola, C. peliculosa, P. membranifaciens e *C. valida.*

Fig. (40). Massa fermentada de tipo I

Massa fermentada de tipo II:

Nas massas fermentadas de tipo II, adiciona-se levedura de padeiro (*Saccharomyces cerevisiae*) para fazer crescer a massa. A flora inclui: *L. pontis* e *L. panis.*Têm um pH inferior a 3,5, e são fermentadas dentro de um intervalo de temperatura de 30 a 50 °C (86 a 122 °F) durante alguns sem alimentação, o que diminui a atividade da flora. Este processo foi aceite por alguns industriais, até certo ponto, devido à simplificação da construção em várias etapas típica das massas fermentadas de tipo I. Estes pré-produtos de panificação servem, na sua maioria, como acidificantes da massa. Existem alguns processos alterados e acelerados de fermentação de massa fermentada. Os processos de massa fermentada com propagação contínua e fermentações de uma só etapa a longo prazo são atualmente comuns; asseguram uma maior qualidade de produção e adaptabilidade. Um padrão atual das padarias industriais é a instalação de instalações de fermentação contínua de massa fermentada.

Fig. (41). Massa fermentada de tipo II

As espécies homofermentativas obrigatórias *L. acidophilus*, *L. delbrueckii*, *L. amylovorus* (centeio), *L. farciminis*, e *L. johnsonii*, e as heterofermentativas obrigatórias *L. brevis*, *L. fermentum*, *L. frumenti*, *L. pontis*, *L. panis*, *L. reuteri*, bem como as espécies Weissella (*W. confusa*) encontram-se nas massas fermentadas de tipo II. Além disso, o crescimento da levedura é retardado ou interrompido devido às temperaturas de fermentação mais elevadas. Estas massas são mais fluidas e, uma vez fermentadas, podem ser refrigeradas e armazenadas durante uma semana. Podem ser bombeadas e utilizadas em sistemas de produção contínua de pão.

Massa fermentada de tipo III:

As massas fermentadas de tipo III são massas fermentadas de tipo II submetidas a um processo de secagem. São massas secas em pó, normalmente por pulverização ou secagem em tambor, e são principalmente utilizadas a nível industrial como agentes aromatizantes e transportadores de aromas durante o fabrico de pão. O processo de secagem conduz, adicionalmente, a um aumento do prazo de validade da massa fermentada e transforma-a num produto de reserva até nova utilização. As massas fermentadas do tipo III são dominadas por "bactérias lácticas resistentes à secagem, por exemplo, *Pediococcus pentosaceus*, *Lactobacillus plantarum* e *L. brevis*". As condições de secagem, tempo e calor aplicados, podem ser variadas para influenciar a caramelização e produzir as características desejadas no produto cozido.

Fig. (42). Massa fermentada de tipo III

Benefícios do pão de massa fermentada:

A massa fermentada não necessita de muito glúten, ao contrário do pão de fabrico industrial que frequentemente tem glúten adicionado. As pessoas com intolerância ao glúten podem, desta forma, achar o pão de massa fermentada mais agradável para comer. O pão de massa lêveda produz um aumento menor da glicose e da insulina no sangue do que outros tipos de pão, e há provas limitadas de que é adequado mesmo para doentes celíacos.

CAPÍTULO 15

UTILIZAÇÃO DE CULTURAS DE ARRANQUE PARA PRODUTOS VETERINÁRIOS
FERMENTAÇÃO

Introdução:

Quando os vegetais são colocados numa solução de cloreto de sódio de concentração adequada, sofrem fermentação pelos microrganismos que ocorrem naturalmente nos vegetais. A concentração de cloreto de sódio utilizada depende da tendência do vegetal específico para amolecer durante o armazenamento em solução salina e pode variar entre cerca de 1 e 8%. %. Por sua vez, a concentração de cloreto de sódio tem um enorme impacto nos tipos e contagens de microrganismos activos durante a fermentação. Os produtos hortícolas não são normalmente lavados em operações comerciais de salga e contêm a microflora indígena quando salgados. O crescimento microbiano durante a fermentação natural dos produtos hortícolas foi organizado em quatro fases consecutivas.

A utilização de fermentos lácteos puros para a fermentação de produtos hortícolas como a azeitona, a couve, o pepino e outros produtos tem sido explorada desde há vários anos com diferentes graus de sucesso. Os fermentos lácteos têm sido utilizados comercialmente apenas num grau restrito. No entanto, os últimos esforços para melhorar os recipientes de fermentação e desenvolver métodos de fermentação controlada para produtos hortícolas fermentados provocaram um maior entusiasmo pelo desenvolvimento de culturas adequadas para aplicação em tais métodos. A ausência de uma utilização comercial alargada destas culturas pode dever-se a diversas variáveis, tais como

1- A azeitona, a couve e o pepino sofrem uma fermentação natural por bactérias lácticas (BAL) se o produto for corretamente manuseado e mantido em concentrações de sal estabelecidas para cada produto específico.

2- O calor é o único tratamento eficaz e aceitável que se conhece para eliminar as BAL naturais dos legumes. O aquecimento é dispendioso e altera as características gerais do produto, especialmente o sabor.

3- A solução salina (salmoura) de uma fermentação natural pode ser utilizada para inocular outros recipientes. O sal pode promover o processo de fermentação através da inibição do crescimento de microrganismos indesejáveis, favorecendo o crescimento da BAL desejada.

4-Os dispositivos de fermentação e os processos de manuseamento comuns até à data não são compatíveis com as fermentações de culturas puras.

5- Até à data, não foram reveladas estirpes de BAL adequadamente interessantes que tenham permitido a sua utilização como culturas de arranque.

Embora cada uma das variáveis acima possa ser objeto de controvérsia, em geral representam presumivelmente a nova utilização de culturas de arranque para vegetais. Há sinais, em todo o caso, de que a utilização alargada de culturas de arranque puras de BAL pode acontecer num futuro próximo. As mudanças na solução salina que trazem inovação, o reconhecimento de tanques de fermentação anaeróbica que são mais compatíveis com a utilização de culturas puras e a escolha ou alteração de BAL com propriedades novas e significativas permanecem como objectivos concebíveis por detrás da utilização de culturas puras em certas fermentações de vegetais.

Quadro 6. Exemplos de legumes fermentados.

Product	Country	Main ingredients	Microorganisms	Usage
Sauerkraut	Germany	Cabbage, salt	*Leuconostoc mesenteroides, Lactobacillus brevis, Lactobacillus plantarum*	Salad, side dish
Kimchi	Korea	Korean cabbage, radish, various vegetables, salt	*L. mesenteroides, Lb. brevis, Lb. plantarum*	Salad, side dish
Dhamuoi	Vietnam	Cabbage, various vegetables	*L. mesenteroides, Lb. plantarum*	Salad, side dish
Dakguadong	Thailand	Mustard leaf, salt	*Lb. plantarum*	Salad, side dish
Burong mustasa	Philippines	Mustard	*Lb. brevis, Pediococcus cerevisiae*	Salad, side dish

Fonte: Breidt *et. al.*, (2013).

Fig. (44). Culturas iniciadoras de vegetais

Benefícios das fermentações vegetais:

Após a fermentação de legumes com cultura inicial para legumes frescos, o produto acabado pode oferecer os seguintes benefícios para a saúde:

1- As BAL que fermentam os legumes frescos são tão vantajosas para a saúde que foram frequentemente designadas como "agentes de preservação da vida".

2- As BAL contribuem para a proteção do organismo contra as infecções e reforçam o sistema imunitário.

3- Os legumes fermentados melhoram o processo de digestão, controlando o nível de acidez no trato digestivo e potenciando a produção de flora intestinal benéfica.

4- Os legumes fermentados actuam como anti-oxidantes.

5- As BAL vivas propiciam a síntese de determinadas vitaminas, como as vitaminas C e B12.

6- Contribuem para a decomposição das proteínas

7- Expulsam as bactérias, os fungos e os vírus patogénicos.

8- As bactérias lácticas vivas são conhecidas por terem um efeito de apoio ao sistema nervoso.

9- Ao produzirem ácido lático e enzimas, as bactérias lácticas favorecem igualmente a degradação das proteínas e, por conseguinte, a sua absorção.

10- Os legumes fermentados são prescritos para os diabéticos, uma vez que o teor de açúcar dos legumes é transformado pela LAB numa forma mais assimilável.

11-O ácido lático produzido durante a fermentação não tem o impacto acidificante nocivo no sistema humano que outros ácidos orgânicos têm tendência a ter. Verdade seja dita, pode ajudar a combater a inflamação das articulações.

12- Os legumes fermentados podem ser uma parte essencial de uma dieta sem leveduras (como no caso da candidíase).

Espécies de BAL para fermentações vegetais:

Três espécies de BAL têm sido historicamente associadas à fermentação natural de pepino e azeitonas: *Pediococcus cerevisiae, Lactobacillus brevis* e *Lactobacillu plantarum*. No entanto, estas espécies, para além de *Leuconostoc mesenteroide, estão* também associadas à fermentação de chucrute. As características destes microrganismos são largamente consistentes com o manual de Bacteriologia Determinativa de Bergey. Foram efectuadas várias tentativas para utilizar culturas puras destas espécies
para a fermentação de vegetais. Atualmente, no entanto, as culturas puras são utilizadas apenas numa base comercial restrita. As características das BAL associadas às fermentações de vegetais são apresentadas no quadro seguinte:

Tabela 7. Características das BAL associadas às fermentações vegetais.

Property	Microorganism			
	L. plantarum	*L. brevis*	*Pediococcus pentosaceus*	*Leuconostoc mesenteroides*
Morphology	Short to medium rods, singly	Short rods, singly or in short chains	Cocci, singly or in pairs or in tetrads	Cocco or bacilli, usually in pairs
Optimum temperature	30-35	30	35	20-30
Growth at 45°C	No	No	Yes	No
Growth in 8% NaCl	Yes	No	Yes	No
Glucose metabolism	Homo-fermenter lactic acid	Hetero-fermenter lacic acid, acetic acid, ethanol, CO_2	Homo-fermenter lactic acid	Hetero-fermenter lacic acid, acetic acid, ethanol, CO_2
Lactic acid produced from glucose	DL	DL	DL	D

As variáveis que devem ser consideradas no desenvolvimento de culturas de BAL para uso na fermentação controlada de vegetais incluem: 1- Crescimento rápido e dominante.
2- Tipo e extensão da produção de ácido
3- Tolerância ao sal
4- Gama de temperaturas

5- Produção de dióxido de carbono
6- Sedimentação celular, ,
7- Resistência dos bacteriófagos
8- Valor nutricional
9- Capacidade de sobreviver como culturas concentradas

Crescimento rápido e predominante:

A fermentação comercial de produtos hortícolas é feita por microrganismos naturais, A predominância do crescimento de uma espécie de BAL é afetada pelo ambiente químico e físico em que deve competir. Quando o calor foi utilizado para inibir a flora microbiana natural, resultaram fermentações de cultura pura de chucrute, pepinos e azeitonas. Para a transcendência, desta forma, a cultura adicional deve ser extremamente competitiva nas condições químicas e físicas em que o produto é mantido. A concentração de sal e a temperatura são as principais variáveis que afectam o curso das fermentações naturais. A acidificação direta e suave tem sido utilizada para eliminar o crescimento de numerosas bactérias indesejáveis durante a fermentação controlada de pepinos.

No entanto, a acidificação não impede o desenvolvimento de outras BAL e leveduras tolerantes ao ácido. *O Lactobacillus plantarum* prevalece de forma distinta no período mais tardio da fermentação vegetal, evidentemente devido à sua maior tolerância aos ácidos. Verificou-se que termina a fermentação do pepino independentemente da espécie de BAL incluída. Devido à sua tolerância aos ácidos e à sua tendência para terminar as fermentações, *o Lactobacillus plantarum* parece ser uma decisão razoável para ajustar ou potencialmente alterar a sua utilização quando se pretende uma fermentação homoláctica.

As bacteriocinas foram demonstradas em numerosas BAL e podem constituir um incentivo para a realização de uma fermentação em cultura pura se a cultura de arranque for uma estirpe produtora. Etchells *et al.* (19641) observaram que a fermentação em cultura pura de pepinos pasteurizados reprimia o desenvolvimento do Lactobacillus. Em estudos posteriores, Fleming et al. (1975) demonstraram uma atividade semelhante à bacteriocina na estirpe de Pediococcus que Etchells observou ser adversa a *L. planatrum*. Esta propriedade inibitória pode ser útil se for controlada por uma estirpe com melhores características de fermentação, a fim de alcançar o domínio sobre a flora natural concorrente. Esta abordagem tem sido utilizada como parte do melhoramento de culturas de leveduras para efeitos de vinho. Uma estirpe selvagem de levedura que contém o "fator carrasco" foi acasalada com estirpes de arranque para obter híbridos que contêm características de fermentação desejáveis e também o fator inibidor do carrasco que é ativo contra as leveduras selvagens contaminantes.

Fig. (44). Azeitona fermentada

Fig. (45). Chucrute fermentada

Como fermentar legumes:

São utilizados muitos passos na preparação de produtos vegetais fermentados, que incluem:

1- Escolha do equipamento de fermentação

A fermentação de vegetais não requer muito equipamento especializado. Os vegetais podem ser fermentados num recipiente de fermentação dedicado, ou numa tigela de vidro limpa ou num frasco de vidro.

2- Preparação dos legumes para a fermentação:

Ralar: Isto funciona bem para vegetais duros ou estaladiços, como a curgete. Os legumes fermentados ralados têm frequentemente a textura de um condimento depois de terminados.

Cortar: Os legumes firmes são cortados em fatias finas e os legumes moles em fatias grossas para preservar a sua forma durante a fermentação.
Picar: Os legumes são cortados no tamanho adequado. Os pedaços de couve-flor e cenoura fermentadas cortadas são um petisco fácil e saudável. Inteiros: Os legumes pequenos, por exemplo, as couves-de-bruxelas e o feijão verde funcionam melhor se forem deixados inteiros. Os pepinos em conserva são igualmente fantásticos.

3-Utilizar sal, soro de leite ou um fermento lácteo

O sal e a água são necessários para o processo de fermentação, sendo o sal marinho a melhor escolha. Numerosas fórmulas requerem soro de leite estaladiço como iniciador de fermentação, mas não é essencial. A utilização de sal dará um resultado semelhante. Uma cultura vegetal de arranque pode igualmente ser utilizada para uma fermentação mais rápida, mas não é essencial.

4- Utilizar água para preparar a salmoura

É necessária uma solução salina suficiente (salmoura) para poder submergir completamente os legumes. Os melhores resultados de fermentação são obtidos com uma salmoura de 2%. A forma mais simples de pensar sobre isto é em gramas. Por cada 100 gramas de legumes, são necessários 2 gramas de sal.
A água filtrada é fundamental, nomeadamente a água isenta de cloro, cloraminas e flúor. O cloro e o flúor não favorecem um fermento saudável porque matam os micróbios. A água filtrada engarrafada pode ser comprada, mas um purificador de água com filtro de flúor é fantástico, sem alternativa de desperdício. Também lhe dará água potável filtrada de qualidade durante todo o ano.

5-Pesar os legumes sob a salmoura

Uma vez preparados, os legumes são colocados no recipiente de fermentação selecionado e depois pesados sob a salmoura. É importante mantê-los num ambiente anaeróbico durante o período de fermentação.

6-Deixe os legumes a fermentar à temperatura ambiente :

Os legumes devem ser deixados a fermentar à temperatura ambiente antes de serem levados ao frigorífico. O tempo de fermentação depende de várias variáveis, incluindo a temperatura, a quantidade de sal e a natureza do legume. Depois de deixar os legumes a fermentar à temperatura ambiente durante 3 dias, prove-os. Se não estiverem tão ácidos como seria de desejar, podem ser deixados e provados após mais 3 dias, e assim sucessivamente. Quando estiver satisfeito com o sabor, coloque-os no frigorífico. O produto acabado conserva-se durante um período de tempo considerável no frigorífico.

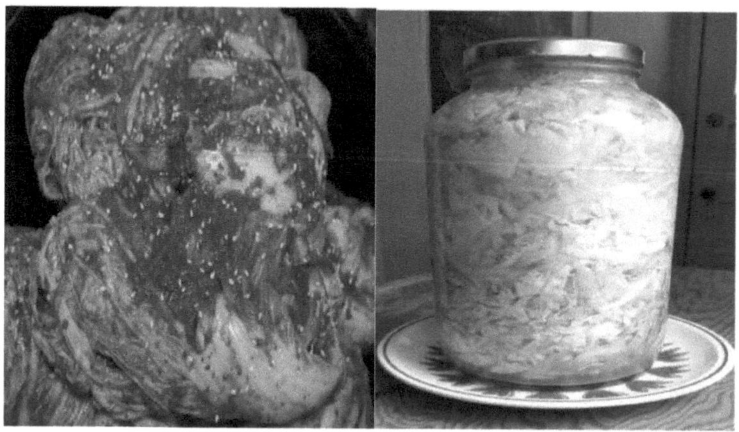

Fig. (46). Couve fermentada

CAPÍTULO 16

FUTURO DA TECNOLOGIA DAS CULTURAS DE ARRANQUE

A preparação de alimentos fermentados tem origem antes da história escrita do Homem. Os povos primitivos utilizaram a perceção dos impactos evidentes da modificação microbiana das características dos alimentos para desenvolver processos de fermentação alimentar. Os produtos fermentados resultantes têm regularmente uma textura e um sabor diferentes dos materiais de partida não fermentados, tornando-os consequentemente mais satisfatórios e comestíveis. O progresso técnico foi inicialmente moderado, o que se reflecte nos longos períodos de fermentação necessários; foi incrementado pelo conhecimento técnico e pelos dados científicos essenciais então acessíveis. É provavelmente razoável dizer que, nos primeiros tempos, os mestres cervejeiros eram mais artesãos do que tecnólogos. Com o rápido avanço na compreensão das ciências básicas da microbiologia e da bioquímica, combinado com a apresentação de novos equipamentos, os países desenvolvidos avançaram no aumento da segurança e da eficiência dos processos utilizados para fazer alimentos fermentados tradicionais, como a fermentação do queijo.

Com o rápido avanço das ciências biológicas, tanto do ponto de vista fundamental como aplicado, tem sido possível compreender melhor o mistério que envolve os processos de fermentação. Os tipos de microrganismos envolvidos foram isolados e identificados, e a fisiologia e o metabolismo destes organismos foram estudados. Subsequentemente, os alimentos fermentados tradicionais poderiam agora ser melhorados, mais rapidamente e de forma mais económica. A aplicação dos conhecimentos disponíveis para melhorar as fermentações tradicionais de alimentos nos países desenvolvidos ultrapassou largamente a dos países em desenvolvimento.

Apesar do facto de a mudança criar a capacidade de escolher melhores estirpes, pode, obviamente, haver um ajuste coordenado mínimo do material genético. As novas biotecnologias, por exemplo as técnicas de ADN recombinante, resolvem este problema. A nova biotecnologia pode, obviamente, ser de grande ajuda na produção de super-estirpes de microrganismos que podem acelerar os processos de fermentação, permitir uma utilização mais eficiente de materiais brutos e produzir produtos de melhor qualidade. Qual a melhor forma de os países em desenvolvimento aplicarem estas biotecnologias aos alimentos fermentados tradicionais?

Na sua ânsia de promover a nova biotecnologia para aplicações tradicionais de alimentos fermentados, os investigadores dos países desenvolvidos não devem ignorar os ambientes alterados que existem nos países desenvolvidos e em desenvolvimento. Nos países desenvolvidos, a velha biotecnologia já é bem compreendida e praticada de forma eficiente nas indústrias de alimentos fermentados. Os países em desenvolvimento podem precisar de obter uma compreensão superior da antiga biotecnologia antes de reterem e actualizarem a nova biotecnologia ao máximo.

Melhoramento de culturas de arranque através da biotecnologia

Os microrganismos, incluindo bactérias, leveduras e bolores, produzem uma grande variedade de produtos finais metabólicos que funcionam como conservantes, texturizantes, estabilizadores e agentes de tempero e coloração. Alguns métodos convencionais e não tradicionais têm sido utilizados para melhorar as propriedades metabólicas dos microrganismos de fermentação alimentar. Estes incluem técnicas de mutação e seleção; a utilização de métodos naturais de transferência de genes, por exemplo, transdução, conjugação e transformação; e, mais recentemente, a engenharia genética.

Mutação e seleção:

Na natureza, as mutações (alterações no cromossoma de um organismo) ocorrem imediatamente a taxas baixas (um evento mutacional em cada 106 a 107 células por geração). Estas mutações ocorrem indiscriminadamente ao longo de todo o cromossoma, e uma mutação irrestrita numa via metabólica de entusiasmo para a fermentação de alimentos seria uma ocasião muito pouco frequente. A taxa de mutação pode ser significativamente aumentada através da apresentação de microrganismos a agentes mutagénicos, por exemplo, luz ultravioleta ou vários produtos químicos, que iniciam alterações no ácido desoxirribonucleico (ADN) das células hospedeiras. As taxas de mutação podem ser aumentadas para um evento mutacional em cada 101 ou 102 células por geração para mutantes auxotróficos, e um em 103 a 105 para o isolamento de produtores melhorados de metabolitos secundários. Um método de seleção é fundamental para o rastreio viável de mutantes, uma vez que pode ser necessário avaliar alguns milhares de isolados individuais para descobrir uma estirpe com ação melhorada na propriedade de interesse.

As técnicas de mutação e seleção têm sido utilizadas para melhorar as propriedades metabólicas das culturas microbianas de arranque utilizadas para a fermentação de alimentos; no entanto, existem sérios impedimentos a este método. Os agentes mutagénicos causam mutações aleatórias, pelo que a especificidade e a precisão são impraticáveis. É possível que ocorram mutações maliciosas não detectadas, uma vez que os sistemas de seleção podem destinar-se apenas à mutação de interesse. Além disso, os procedimentos tradicionais de mutação são em grande medida exorbitantes e fastidiosos e não há possibilidade de alargar o património genético. Independentemente destas limitações, as técnicas de mutação e seleção têm sido amplamente utilizadas para melhorar microrganismos importantes para a indústria e, em alguns casos, foram obtidos rendimentos superiores a 100 vezes o nível normal de produção de metabolitos secundários bacterianos.

Transferência natural de genes :

A revelação de sistemas naturais de transferência de genes em bactérias encorajou enormemente a compreensão da genética de culturas de arranque microbianas e, por vezes, foi utilizada para o melhoramento de estirpes. O intercâmbio genético nas bactérias pode ocorrer naturalmente através de três mecanismos diferentes: transdução, conjugação e transformação.

Transdução:

A transdução é um método de transferência de material genético ou de características de uma célula bacteriana para outra através de um bacteriófago ou plasmídeo. O bacteriófago adquire uma parte do cromossoma ou plasmídeo das estirpes hospedeiras e transfere-a para um recetor durante a infeção viral subsequente. Geralmente, a eficiência da transdução é baixa e a transferência de genes nem sempre é possível entre estirpes não relacionadas, o que limita a utilidade da técnica para o melhoramento de estirpes. Além disso, os bacteriófagos não foram isolados e não estão bem caracterizados para a maioria das estirpes.

Conjugação:

A conjugação, ou acasalamento bacteriano, é um sistema natural de transferência de genes que requer um contacto físico estreito entre dadores e beneficiários e é responsável pela disseminação de plasmídeos na natureza. Vários géneros de bactérias albergam ADN plasmídico. Na maior parte das vezes, estes plasmídeos são secretos (as funções codificadas não são conhecidas), mas, de vez em quando, importantes características metabólicas são codificadas pelo ADN plasmídico. No caso de estes plasmídeos serem adicionalmente auto-transmissíveis ou, por outro lado, mobilizáveis, podem ser transferidos para estirpes beneficiárias. Uma vez introduzidos numa nova estirpe, as propriedades codificadas pelo plasmídeo podem ser expressas na beneficiária. As bactérias do ácido lático contêm naturalmente de um a mais de dez plasmídeos específicos e características metabolicamente imperativas, incluindo a capacidade de fermentação da lactose, a resistência a bacteriófagos e produção de bacteriocinas, têm sido associadas ao ADN plasmídico. A conjugação tem sido utilizada para transferir estes plasmídeos para estirpes beneficiárias para a construção de fermentos lácteos comerciais geneticamente melhorados

Transformação:

Certos microrganismos podem absorver o ADN de uma estirpe presente no meio de cultivo. Este processo é designado por transformação e este processo de transferência de genes está limitado a estirpes que são naturalmente competentes. A transformação subordinada à capacidade está limitada a alguns géneros, principalmente patogénicos, e não tem sido amplamente utilizada para o melhoramento genético de culturas microbianas de arranque. Para muitas espécies de bactérias, a espessa camada de peptidoglicano presente nas paredes celulares dos gram-positivos é considerada uma barreira potencial à absorção de ADN. Foram desenvolvidos métodos de evacuação enzimática da parede celular para a produção de protoplastos. Na presença de polietilenoglicol, a absorção de ADN pelos protoplastos é incentivada. Na eventualidade de serem mantidos em condições osmoticamente equilibradas, os protoplastos transformados recuperam as paredes celulares e exprimem o ADN transformado. Foram desenvolvidos procedimentos de transformação de protoplastos para algumas das bactérias do ácido lático; no entanto, os procedimentos são maçadores e fastidiosos e, regularmente, os parâmetros têm de ser melhorados para cada estirpe. As eficiências de transformação são regularmente baixas e profundamente variáveis, o que limita a utilização da técnica para o melhoramento de estirpes.

Electroporação

Os sistemas de transferência de genes acima mencionados tornaram-se menos populares desde o advento da electroporação, uma técnica que envolve a utilização de impulsos eléctricos de alta tensão de curta duração para iniciar o desenvolvimento de poros transitórios nas paredes e membranas celulares. Em condições adequadas, o ADN presente no meio envolvente pode entrar através dos poros. A electroporação é o método de decisão para estirpes que são refractárias a outras técnicas de transferência de genes; apesar de ser ainda necessária a otimização de vários parâmetros (por exemplo, condições de preparação das células, tensão e duração do impulso, condições de regeneração, etc.).

Engenharia genética:

A engenharia genética constitui uma técnica alternativa para melhorar as culturas microbianas de arranque. Esta zona de tecnologia em rápida expansão oferece estratégias para o isolamento e transferência de genes individuais de uma forma precisa, controlável e conveniente. Os genes que codificam características específicas desejáveis podem ser derivados de praticamente qualquer organismo vivo (planta, animal, micróbio ou vírus). A engenharia genética está a reformar a ciência do melhoramento de estirpes e está destinada a ter um grande impacto na indústria da fermentação alimentar

Embora uma parte significativa da investigação em engenharia genética microbiana, desde o aparecimento da tecnologia do ADN recombinante no início dos anos 70, se tenha concentrado na bactéria gram-negativa Escherichia coli, foram feitos avanços críticos com as bactérias do ácido lático e as leveduras. . Foram reconhecidos hospedeiros adequados, foram desenvolvidos vectores de clonagem multifuncionais e foram produzidos procedimentos de transferência de genes fiáveis e de maior eficiência. Para além disso, as propriedades estruturais e funcionais, bem como a expressão em estirpes hospedeiras, de vários genes importantes foram contabilizadas. As bactérias, leveduras e bolores artificiais podem também ser utilizados para a produção de outros produtos, incluindo aditivos e ingredientes alimentares, auxiliares de processamento, como enzimas, e produtos farmacêuticos.

REFERÊNCIAS

A.Y. Tamime e R.K. Robinson (2007). Tamime and Robinson's Yoghurt Third Edition). Science and Technology A volume in Woodhead Publishing Series in Food Science, Technology and Nutrition. ISBN: 978-1-84569-213-1

Abdallah A. Alyan , Abdel Moneim E. Sulieman, Abdelrahim A. Ali, Abdlulaziz S. Bahobai (2014). Determinação de compostos inibitórios e de sabor em leite de camelo fermentado (Gariss). American Journal of Biochemistry 2014, 4(1): 1-5

Abdallah A. Alyan1 , Abdel Moneim E. Sulieman2,*, Abdelrahim A. Ali3 , Abdlulaziz S. Bahobai (2014). Determinação de compostos inibitórios e de sabor em leite fermentado de camelo (Gariss). American Journal of Biochemistry 2014, 4(1): 1-5

Abdel Gadir, W.S., T.K. Ahmed e H.A. Dirar, 1998. The traditional fermented milk products of the Sudan. Jornal Internacional de Microbiologia Alimentar, (44): 1-13

Abdel Gadir, W.S., T.K. Ahmed e H.A. Dirar, 1998. The traditional fermented milk products of the Sudan. Jornal Internacional de Microbiologia Alimentar, (44): 1-13

Abdel Moneim E. Sulieman (2001). Estudos químicos, bioquímicos e microbiológicos sobre o leite azedo fermentado sudanês (Rob), uma tese de doutoramento, Universidade de Gezira, Sudão. Tese, Universidade de Gezira, Sudão.

Abdel Moneim E. Sulieman , Hamid, A. Dirar , Elamin A. Elkhalifa e Ali O. Ali (2009). EFEITO DA FERMENTAÇÃO EM ALGUNS COMPONENTES QUÍMICOS DO LEITE DE MANTEIGA FERMENTADO SUDANÊS, ROBE. J.Sc. Tech. Vol. 10(1) 2009

Abdel Moneim E. Sulieman , Hamid, A. Dirar , Elamin A. Elkhalifa e Ali O. Ali (2009). EFEITO DA FERMENTAÇÃO EM ALGUNS COMPONENTES QUÍMICOS DO LEITE DE MANTEIGA FERMENTADO SUDANÊS, ROBE. J.Sc. Tech. Vol. 10(1) 2009

Abdel Moneim E. Sulieman , Ro Osawa e R. Tsenkova (2007). Isolamento e identificação de lactobacilos de Garris, um produto sudanês de leite de camelo fermentado. Revista de investigação em microbiologia 2(2)125-132

Abdel Moneim E. Sulieman , Ro Osawa e R. Tsenkova (2007). Isolamento e identificação de lactobacilos de Garris, um produto sudanês de leite de camelo fermentado. Revista de investigação em microbiologia 2(2)125-132

Applications of Biotechnology in Traditional Fermented Foods (Aplicações da Biotecnologia em Alimentos Fermentados Tradicionais). Panel on the Applications of Biotechnology to Traditional Fermented Foods, Conselho Nacional de Investigação. ISBN: 0-309-56575-8, 208 páginas, 6 x 9, (1992). Em: http://www.nap.edu/catalog/1939.html

Bernardeau, M., Vernoux, J. P., Henri-Dubernet, S. & Gue' guen, M. (2008). Avaliação da segurança de microrganismos lácteos: o género Lactobacillus. Int J Food Microbiol 126, 278-285.

Breidt R., McFeeters F. R., Perez-Diaz I. e Lee C. (2013). *Microbiologia alimentar: Fundamentals and Frontiers*, 4th Ed.v Editado por M. P.
Doyle e R. L. Buchanan © 2013 ASM Press, Washington, D.C.

Briggiler-Marco M., Capra M.L., Quiberoni A., Vinderola G., Reinheimer J.A., Hynes E., Nonstarter Lactobacillus strains as adjunct cultures for cheese making: in vitro characterization and performance in two model cheese. J. Dairy Sci., 2007, 90, 4532-4542.

Beresford, T. P., Nora A. Fitzsimons, Noelle L. Brennan, Tim M. Cogan (2001). Avanços recentes na microbiologia do queijo. International Dairy Journal 11 (2001) 259-274

Brown M.J. (2016). Benefícios dos probióticos para a saúde.
http://www.healthline.com/nutrition/8-health-benefits-of- probiotics#section6

Bo "cker, G., Stolz, P., & Hammes, W. P. (1995). Neue Erkenntnisse zum O" kosystem Sauerteig und zur Physiologie des sauerteigtypischen Sta "mme Lactobacillus sanfrancisco und Lactobacillus pontis. Getreide Mehl und Brot, 49, 370-374

Briggiler Marco M, De Antoni GL, Reinheimer JA, Quiberoni A. Inativação térmica, química e fotocatalítica de bacteriófagos de *Lactobacillus plantarum*. J Food Prot 2009; 72:1012-9; PMID:19517728.

Buck L, Azcarate-Peril MA, Klaenhammer TR. Papel do autoindutor-2 na capacidade de adesão de Lactobacillus acidophilus. Jornal de Microbiologia Aplicada. 2009;107:269-279.
Campbell-Platt, G., Cook, P.E., 1995. Fermented Meats. Blackie Academic and Professional, Londres.

COGAN, T. M. (1975.): Utilização de citrato no leite por Leuconostoc cremoris e Streptococcus diacetylactis. J. Dairy Res. 42: 139-146.

Coppola, R., Giagnacovo, B., Iorizzo, M., Grazia, L., 1998. Caracterização dos lactobacilos envolvidos no amadurecimento da soppressata molisana, uma típica
Corsetti, A., De Angelis, M., Dellaglio, F., Paparella, A., Fox, P. F., Settanni, L., & Gobbetti, M. (2003). Characterization of sourdough lactic acid bacteria based on genotypic and cell-wall protein analyses. Journal of Applied Microbiology, 94, 641-654.

Corsetti, A., Gobbetti, M., Balestrieri, F., Russi, L., & Rossi, J. (1998). Sourdough lactic acid bacteria effects on bread firmness and staling. Journal of Food Science, 63,

347-351

Daeschel M. A. e Fleming H.P. (1984). Seleção de bactérias do ácido lático para utilização em fermentações de vegetais. Food Microbiology 1 (4): 303-313.

Davidson, R.H., Duncan, S.E., Hackney, C.R., Eigel, W.N., Boling, J.W. (2000). Probiotic Culture Survival and Implications in Fermented Frozen Yogurt Characteristics (Sobrevivência da Cultura Probiótica e Implicações nas Características do Iogurte Congelado Fermentado). *Journal of Dairy Science*, 83, 666-673.

De Vuyst L e Neysens P. (2005). A microflora da massa fermentada: biodiversidade e interacções metabólicas. Trends in Food Science & Technology 16 (2005) 43-56.

De Vuyst L, Neysens P. The sourdough microflora: biodiversity and metabolic interactions (A microflora da massa fermentada: biodiversidade e interacções metabólicas). Tendências em Ciência e Tecnologia Alimentar. 2005;16:43-56.

De Vuyst L, Vancanneyt M. Biodiversity and identification of sourdough lactic acid bacteria. Food Microbiology. 2007;24:120- 127.

De Vuyst, L., Avonts, L., Neysens, P., Hoste, B., Vancanneyt, M., Swings, J., & Callewaert, R. (2004). Os genes que codificam a lactobina A e a amilovorina L471 são idênticos e a sua distribuição parece restringir-se à espécie Lactobacillus amylovorus, que é de interesse para a fermentação de cereais. Jornal Internacional de Microbiologia Alimentar, 90, 93-106.
De Vuyst, L., Callewaert, R., & Pot, B. (1996). Caracterização da atividade antagonista de Lactobacillus amylovorus DCE 471 e isolamento em grande escala da sua bacteriocina amilovorina L471. Microbiologia Sistemática e Aplicada, 19, 9-20

De Vuyst, L., Foulquie' Moreno, M.R., Revets, H., 2003. Rastreio de enterocinas e deteção de hemolisina e resistência à vancomicina em enterococos de diferentes origens. International Journal of Food Microbiology_84(3):299-318 · setembro 2003

Dictionary.com. (2013). Kumiss. Oakland: Dictionary.com. Recuperado de http://dictionary.reference.com/browse/kumiss.

Dirar, H.A., 1993. Gariss. Produtos lácteos. Os alimentos fermentados indígenas do Sudão e a Nutrição. A Study in African Food and Nutrition. Primeira edição, University Press, Cambridge, UNIDO.

Dubravka Samarzija, Neven Antunac, Jasmina Luka Havranek (2001). Taxonomia, fisiologia e crescimento de Lactococcus lactis: uma revisão. Mljekarstvo 51 (1) 35-48, 2001.

Ejtahed, H. S., Mohtadi-Nia, J., Homayouni-Rad, A., Niafar, M., Asghari-Jafarabadi, M., Mofid, V., & Akbarian-Moghari, A. (2011). Efeito do iogurte probiótico contendo

Lactobacillus acidophilus e Bifidobacterium lactis no perfil lipídico em indivíduos com diabetes mellitus tipo 2. *Journal of Dairy Science*, *94*(7), 3288-3294.

Espirito Santo, A.P., Perego, P., Converti, A., Oliveira, M.N. (2011). Influência das matrizes alimentares na viabilidade de probióticos: Uma revisão com foco nas bases frutadas. *Tendências em Ciência e Tecnologia de Alimentos*, 22, 377-385.

Etchells, J. L., Costilow, R. N., Anderson, T. E. e Bell, T. A. (1964) Pure culture fermentation of brined cucumbers. Appl. Microbial. 12, 523535.

Fleming, H. P., Etchells, J. L. e Costilow, R. N. (1975) Inibição microbiana por um isolado de Pediococcus de salmouras de pepino. Appl. Microbial. 30, 1040-1042

Fleming, H. P., Humphries, Ervin G. e Macon, J. A. (1983) Progress on development of an anaerobic tank for brining of cucumbers. Pickle Pak Sci. VII, 3-15.
Gemechu T. (2015). Revisão sobre bactérias do ácido lático na fermentação e conservação do leite. Revista africana de ciência alimentar. Vol. 9 (4): 170-175, 2015.
Hansen E. B. (2002). Culturas iniciadoras bacterianas comerciais para alimentos fermentados do futuro. International Journal of Food Microbiology 78 (2002) 119 - 131.

http://www.biologydiscussion.com/micro-biology/preserving-microbial- cultures-top-5-methods/17821.

http://www.cara-online.com/blog/the-importance-of-yeast-supply/
http://www.healthline.com/nutrition/8-health-benefits-of- probióticos#secção6

http://www.nap.edu/catalog/1939.html

Hufner E, Britton RA, Roos S, Jonsson H, Hertel C. Global transcriptional response of Lactobacillus reuteri to the sourdough environment. Systematic and Applied Microbiology. 2008;31:323-338.

Hughes, M.C., Kerry, J.P., Arendt, E.K., Kenneally, P.M., McSweeney, P.L.H., O'Neill, E.E., 2002. Characterization of proteolysis during the ripening of semi-dry fermented sausages (Caracterização da proteólise durante a maturação de salsichas fermentadas semi-secas). Meat Science 62, 205- 216.

Jepsen, A. (1962) Residues of disinfectants and antibiotics in milk (Resíduos de desinfectantes e antibióticos no leite): Higiene do leite. Nordisk Veterinaer Medicin, 2, 449-455.

JOHNS A. T. (1951). O Mecanismo de Formação de Ácido Propiónico por Propionibacteria. J. gem Microbiol. 5, 337-345.

Jones, G.M. (1999) On-farm tests for drug residues in Milk. Virginia Polytechnic and State University, Blacksburg, 401-404.

Kilic, S. (2008). Lactic acid bacteria in dairy industry (Bactérias do ácido lático na indústria dos lacticínios). Bornova: Ege University Press. Publicações da Faculdade de Agricultura 542.

Kreger-van-Rij, N.J.W.(ed), (1984).The Yeasts , a Taxonomic Study . 3ª Edn. Elsevier, Amesterdão.

Kumar S., Kashyab P.L., Singh R. e Srivastava A. (2013). Preservação e manutenção de culturas microbianas em: Analyzing Microbes-Manual of Molecular Biology Techniques, Springer. P.P. 135152.
Law, B. A. (2001) Controlled and accelerated cheese ripening: the research base for new technology. Int Dairy J 11, 383-398.

Leroy F., Verluyten J. e De Vuyst L. (2006). Culturas de arranque de carne funcionais para uma melhor fermentação de salsichas. Jornal Internacional de Microbiologia Alimentar 106 (2006) 270 - 285.

Leroy, F., & De Vuyst, L. (2004) Lactic acid bacteria as functional starter cultures for the food fermentation industry. Food Sci Technol 15, 67-78.

Leroy, F., Geyzen, A., Janssens, M., De Vuyst, L., Scholliers, P., 2013. A fermentação da carne na encruzilhada da inovação e da tradição: uma perspetiva histórica. Tendências da Ciência Alimentar. Technol. 31, 130-137.

Madera C, Monjard^n C, SuJrez JE. A contaminação do leite e a resistência às condições de processamento determinam o destino dos bacteriófagos de Lactococcus lactis nas fábricas de lacticínios. Appl Environ Microbiol 2004; 70:7365-

Manutenção e Preservação de Culturas Microbianas (2008). Mini Revisão. Jornal de Ciências da Higiene Vol.1 (4). Impresso e publicado por D.G. Tripathi, Alto Santacruz, Complexo de Bambolim, Índia.

Maloney, P.c. (1990). Microbes and Membrane Biology. FEMS, Microbial Rev. 87: 91-105.

Mullan, W.M.A. (2003) . Inibidores da atividade do fermento no leite. [Em linha]. Disponível em: https://www.dairyscience.info/index.php/cheese- starters/51-inhibitors-in-milk.htmL Acedido: 16 agosto, 2017.

Mullan, W.M.A. (2005) . Funções dos fermentos em fermentações lácteas. [Em linha]. Disponível

de: https://www.dairyscience.info/index.php/cheese-starters/225-role- of-starters.html
. Acedido em: 22 de setembro de 2017. Atualizado em agosto de 2016.

O'Keeffe, M. e Kenedy, O. (2007) Residues-A food safety problem?
Journal of Food Safety, 18, 297-319.
Ottogalli, G., Galli, A., & Foschino, R. (1996). Produtos de panificação italianos obtidos com massa azeda: caraterização da microflora típica. Avanços em Ciência Alimentar, 18, 131-144

P Boyaval, C Corre. Produção de ácido propiónico. Le Lait, Edições INRA, 1995, 75 (4 5), pp.453-461. <hal-00929451>

Papamanoli, E., Tzanetakis, N., Litopoulou-Tzanetaki, E., Kotzekidou, P.,
Prado, F.C., Parada, J.L., Pandey, A., Soccol, C.R. (2008). Tendências em bebidas probióticas não lácteas. Food Research International, 41, 111-123. preparação e bebidas lácteas probióticas populares, uma revisão. Food Sci.
Technol (Campinas) vol.34 no.2 Campinas abril/junho 2014

R P Elander e L.T. CHANG (1979). Seleção de culturas microbianas em: Microbial Technology, pp.243-302 DOI: 10.1016/B978-0-12-551502- 3.50017-7

Rantsiou K, Urso R, Iacumin L, Cantoni C, Cattaneo P, Comi G. Métodos dependentes e independentes de cultura para investigar a ecologia microbiana de enchidos fermentados italianos. Appl Environ Microb 2005 b;71:1977-86.

Ravyts, F., De Vuyst, L., Leroy, F., 2012. Diversidade bacteriana e funcionalidades nas fermentações alimentares. Eng. Life Sci. 12, 356-367.

Rihab A. Hassan, Ibtisam, E. M. El Zubeir e S. A. Babiker (2008). Medidas químicas e microbianas do leite de camelo fermentado "Gariss" de rebanhos nómadas e de transumância no Sudão. Jornal Australiano de Ciências Básicas e Aplicadas, 2(4): 800-804, 2008.

Rocha, J. M., & Malcata, F. X. (1999). Sobre o perfil microbiológico da massa fermentada tradicional portuguesa. Jornal de Proteção Alimentar, 62, 14161429.

Saarela, M., Mogensen, G., Fonden, R., Matto, J., Mattila-Sandholm, T. (2000). Bactérias probióticas: segurança, propriedades funcionais e tecnológicas. Journal of Biotechnology, 84, 197- 215.

Samelis, J., Stavropoulos, S., Kakouri, A., Metaxopoulos, J., 1994b. Quantificação e caraterização de populações microbianas associadas a

Sandine, W.E., (1996) Commercial Production of Dairy Starter Cultures. *In*: Dairy Starter Cultures, Cogan, T.M. e J.P. Accolas (Eds.). Wiley- VCH, Nova Iorque.

Santos, E.M., Gonza'lcz-Ferna'ndez, C., Jaime, I., Rovira, J., 1998. Estudo comparativo

da flora doméstica de bactérias lácticas isoladas em diferentes variedades de Fchorizo_.
Revista Internacional de Microbiologia Alimentar 39, 123- 128.

Souza, C. H. B., Buriti, F. C. A., Behrens, J. H., & Saad, S. M. I. (2008). Avaliação
sensorial do queijo minas frescal probiótico com Lactobacillus acidophilus adicionado
unicamente ou em co-cultura com um fermento lácteo termofílico. International
Journal of Food Science and Technology, 43(5), 871-877.

Stolz, P. (1999). Mikrobiologie des Sauerteiges. In G. Spicher, & H. Stephan (Eds.),
Handbuch Sauerteig: Biologie, Biochemie, Technologie 5th ed. (pp. 35-60).
Hamburgo: Behr's Verlag.

Sunesen, L.O., Stahnke, L.H., 2003. Culturas de arranque de bolores para salsichas
secas - seleção, aplicação e efeitos. Meat Science 65, 935- 948.

Tamime, A. Y., & Marshall, V. M. E. (1997). Microbiologia e tecnologia de leites
fermentados. Em B. A. Law (Ed.), Microbiology and biochemistry of cheese and
fermented milk (2ª ed., pp. 57-152). Londres: Blackie Academic & Professional.
http://dx.doi. org/10.1007/978-1-4613-1121-8_3.

Tammie A. Y. (2003). Leites fermentados: Um alimento histórico com aplicações
modernas - Uma revisão. European Journal of Clinical Nutrition 56 Suppl 4(n4s):S2-
S15 · janeiro 2003.

Ustun, C. (2009). Uma bebida turca antiga: Kimiz (Koumiss). Turkluk Bilimi
Arastırnalaπ, (26), 247-255.

Quiberoni A, SuJrez VB, Reinheimer JA. Inativação de bacteriófagos de *Lactobacillus
helveticus* por tratamentos térmicos e químicos. J Food

Prot1999;62:894-8;PMID:10456743.

Vernocchi P, Valmorri S, Gatto V, Torriani S, Gianotti A, Suzzi G. Um estudo sobre
o microbiota de leveduras associado à fermentação de um produto de pastelaria
tradicional italiano com fermento doce. Food Research International. 2004;37:469-
476.

Weerkam, A.H., Klijn, N., Neeter, R., & Smit, G. (1996) Propriedades das bactérias
lácticas mesófilas do leite cru e de produtos crus naturalmente fermentados. Neth Milk
Dairy J 50,319-322.

Levedura e massa fermentada (2017). Tecnologia de panificação - Levedura e massa
fermentada http://www.classofoods.com/page1_3.html 2/17

Yerlikaya O. (2014). Culturas iniciadoras utilizadas em produtos lácteos probióticos

Yilmaz I e Velioglu M. H. (2009). Produtos cárneos fermentados. Quality of Meat and Meat Products, 2009: ISBN: 978-81-7895-386-1

Papamanoli E, Tzanetakis N, Litopoulou-Tzanetaki E, Kotzekidou P. 2003. Characterization of lactic acid bacteria isolated from a Greek dry fermented sausage in respect of their technological and probiotic properties.Meat Science 65, 859- 867.

Printed by Books on Demand GmbH, Norderstedt / Germany